Giampiero Negretti/Franco Nencini

Die schönsten ARMBAND-UHREN vergangener Jahrzehnte

Wilhelm Heyne Verlag · München

Umschlagbild:
Ein wunderbarer Chronograph mit vollständigem Kalendarium und Mondphasenanzeige von Cartier. Gehäuse (Durchmesser 36 mm) aus 18karätigem Gold mit tropfenförmigen Anstößen. Zifferblatt mattversilbert mit aufgelegten goldenen Ziffern und ebenfalls goldenen Bâtons-Zeigern.
Minutenzähler (im Monatsanzeiger) und Tachymetereinteilung, Uhrwerk von höchster Qualität von Audemars Piguet, rhodiniert, 21 Steine. Spiralfeder von Breguet und Glucydurunruh, feinreguliert in acht Lagen. Um 1950.

Titel der italienischen Originalausgabe:
I SIGNORI DEL TEMPO
Übersetzung: Balbine Marschall von Bieberstein
und Simulta Service Linguistik, Genf
Fachliche Beratung: Hubert Koller

Die Originalausgabe erschien
bei Wrist Editoriale S. r. l., Milano, 1986

Redaktionelle und technische Leitung der Originalausgabe:
Jader Barracca
Fachliche Beratung: Massimo Barracca, Pietro Lorenzi
Fotos: Piero Casadei-Bologna
Graphische Gestaltung: Giuseppe Lollo
Redaktionssekretariat: Laura Barracca, Nora Nencini

Umschlaggestaltung der deutschen Ausgabe:
Atelier Ingrid Schütz, München
Umschlagfoto: Piero Casadei-Bologna

Typographie der deutschen Ausgabe:
Rudolf Paulus Gorbach, Gauting
Satz: Fotosatz Völkl, Germering
Repro: Litoffset, Milano
Druck: Staroffset, Milano
Bindung: Piolini e. C., Milano

ISBN 3-453-36018-4

Inhalt

Bibliographie

1) David S. Landes, »Storia del tempo« – L'orogolio e la nascita del mondo moderno« (Revolution in time: Clocks and the making of the modern world), Mondadori, S. 27f. 2) Enrico Morpurgo »Orologi preziosi dal XVI al XIX secolo«, Edizioni Omega, S. 10. 3) Pietro Citati, »Orologi bizarri automi, cosa sanno del tempo?«, Corriere della Sera, 1985. 4) Morpurgo, a. a. O. S. 11. 5) Landes, a. a. O., S. 244. 6) Eugène Jaquet und Alfred Chapuis, »Technique and History of the Swiss Watch«, Spring Books, S. 34. 7) Landes, a. a. O., S. 35. 8) G. A. Berner, »Dictionnaire professionel illustré de l'horlogerie«, Chambre suisse de l'Horlogerie; G. H. Baillie, »Clocks and Watches«, The Holland Press; Guiseppe Brusa, »L'arte dell'orologeria in Europa«, Bramante Editrice; Martin Huber & Alan Banberry, »Patek Philippe«, Peter Ineichen; Jean-Claude Sabrier, »Le Guidargus de l'horlogerie de collection«, Les Editions de l'Amateur. 9–10) Landes, a. a. O., S. 231. 11) Jaquet und Chapuis, a. a. O., S. 167f., 12) Silvio Ceccato, »La ricchezza del tempo«, Sole 24 orc, 1985. 13) Kahlert/Mühe/Brunner, »Les Montres-Bracelets«, Office du Livre (auf deutsch erschienen unter dem Titel »Armbanduhren« im Verlag Georg D. W. Callwey, München, 1983).

Einleitung

Ob in Genf, Aachen, Hongkong oder New York, 1985 war ein Rekordjahr für Sammleruhren. Die klassischen Marken und Modelle, die auf Auktionen versteigert wurden oder auf internationalen Messen den Besitzer wechselten, erzielten Preise, die um mehr als 30 Prozent höher lagen als im Vorjahr. Dieser starke Preisanstieg war zwar hauptsächlich bei älteren Luxusarmbanduhren zu beobachten, erfaßte aber auch Taschenuhren, besonders jene seltenen signierten, mit Steinen besetzten oder emaillierten Exemplare, die mit Recht das Interesse aufmerksamer Sammler erregten. Das Fieber, selbst »Durchschnittsware« zu sammeln, blieb vorerst jedoch auf Armbanduhren beschränkt.

Von dem Preisanstieg besonders betroffen waren erwartungsgemäß die ohnehin teuren Sammleruhren ab DM 7500 und jene Luxusmarken, die viele Auktionskataloge zieren und inzwischen Statussymbole sind – wie Patek Philippe, Vacheron & Constantin, Cartier, Rolex, Audemars Piguet und Jaeger-Le Coultre. Jeder, der wie wir internationale Auktionen besucht, konnte dort in letzter Zeit etwas sehr Bezeichnendes beobachten: Leitende Angestellte von Firmen wie Cartier oder Patek Philippe überboten sich gegenseitig hektisch in dem Bemühen, seltene alte Modelle – koste es, was es wolle – zu erstehen. Dieses Phänomen ist nicht allein darauf zurückzuführen, daß mehrere große Uhrenhersteller im Begriff sind, ihre Sammlungen zu vervollständigen oder Bücher über die Geschichte ihres Hauses herauszugeben. Die Erwerbungen durch Spitzenfirmen der zeitgenössischen Uhrenindustrie deuten noch auf zwei andere wichtige Faktoren hin.

Zum einen gelten alte Armbanduhren heute mehr denn je als gute Investition, womit wir besonders alle jene Sammler beruhigen möchten, die fürchten, nach der Euphorie der letzten Zeit könnte der Wert alter Modelle in ein oder zwei Jahren wieder fallen. Jeder, der befürchtet, Armbanduhren könnten das gleiche Schicksal erleiden wie Taschenuhren – ein Markt, der übrigens wieder Anzeichen von Erholung zeigt –, sollte sich einige fundamentale Unterschiede ins Gedächtnis rufen. Selbst eine Armbanduhr älteren Datums kann man täglich tragen, sie ist ein Schmuckstück, ein Freund und eine Visitenkarte, die vom Geschmack ihres Besitzers zeugt. Die Taschenuhr hingegen fristet in den meisten Fällen ein Dasein als Vitrinen-Schaustück und kann von Glück sagen, wenn ihr Besitzer sie ab und zu liebevoll betrachtet und jeden Abend aufzieht. Die Leute aber, die sie nur als Geldanlage gekauft haben, liefernem noch schlimmeren Schicksal aus und sperren sie in einen Safe. Solange die Herrenmode nicht Westen, schöne Ketten aus Gold und Taschenuhren wiederentdeckt, wird die Armbanduhr gegenüber der Taschenuhr auch weiterhin den Vorteil haben, daß sie einfach praktischer und vielseitiger ist.

Wenn Philippe Stern, der Generaldirektor von Patek Philippe, und Manager anderer Firmen nunmehr die Notwendigkeit verspüren, frühere Modelle ihrer Firma aufzukaufen, bevor sie vom Markt verschwinden, läßt dies zum zweiten darauf schließen, wie wichtig diese Kreationen für die Erhaltung des guten Namens einer Marke sind. Mit anderen Worten: Alte Armbanduhren sind die beste Werbung für den Verkauf der neuen.

Es ist sicher kein Zufall, daß auf der wichtigsten Messe der Branche, der Basler Uhren- und Schmuckmesse, in den Vitrinen des Patek-Pavillons nicht nur die letzten Kreationen ausgestellt waren, sondern auch 50 der schönsten Uhren, die die Firma von der Jahrhundertwende bis zu den sechziger Jahren hergestellt hat. Auf derselben Messe stellte auch das Haus Cartier eine fabelhafte Auswahl von 150 historischen Exemplaren aus seiner Schmuckuhrensammlung aus, die später auch in anderen Städten gezeigt werden soll. Der schnell wachsende Sammlermarkt und die neue Einstellung der internationalen Uhrenindustrie bestätigen, daß es sich hier nicht nur um einen vorübergehenden nostalgischen Trend handelt. Zum einen scheint die große Krise der siebziger Jahre mit der neuen Generation von Billiguhren überwunden zu sein (von der berühmtesten, der Swatch, konnten seit ihrem Erscheinen am 1. März 1983 über drei Millionen Exemplare verkauft werden). Zum anderen werten die führenden Marken die Ästhetik der Vergangenheit wieder auf, nachdem sie sich vorher auf neue, bizarre Modelle konzentriert und der Quarzuhr gehuldigt hatten. Schließlich sind 20 Kopien von berühmten Armbanduhren der letzten vierzig Jahre auf den Markt gekommen, der überdies noch von weniger wichtigen Firmen mit Uhren überflutet wird, die Erinnerungen an alte Chronometer und Mondphasenmodelle wachrufen sollen.

Was alt ist, ist schön; niemand glaubt es mehr als wir. Der Erfolg unseres ersten Bandes »Ore d' Oro«, der in wenigen Monaten vergriffen war und jetzt schon ein Buch für Sammler ist, zeigt das Interesse, das Tausende aufmerksame Sammler diesem Gebiet entgegenbringen. Unsere Absicht war es gewesen, Hinweise für den Markt zu geben, und der Markt hat uns begeistert aufgenommen. Natürlich kritisierte man uns auch und gab wertvolle Anregungen. So konnte der zweite Band, »Die schönsten Armbanduhren vergangener Jahrzehnte«, vollständiger gestaltet werden als sein Vorgänger.

Der Einführungstext wurde ausführlicher gestaltet und gibt einen Überblick über die rund 700jährige Geschichte der Uhr, von den gewichtigen großen Turm- und Kirchenuhren bis zu unseren heutigen Armbanduhren. Angehängt ist eine ausführlichere und bebilderte Erklärung der Technik einer Uhr. Aufgrund des großen Anklangs, den unser erster Band bei Sammlern und Uhrenherstellern fand, erhielten wir Zugang zu den Archiven und Werkstätten von Patek Philippe, Chopard, Cartier und IWC, die uns wertvolles neues Anschauungsmaterial zur Verfügung stellten, das wir in diesem Band verwerten konnten. Den genannten Firmen möchten wir an dieser Stelle dafür unseren Dank aussprechen. Die Geschichte der Schweizer Uhrenfirmen wurde um einige bedeutende Namen erweitert, die wir in unserem ersten Band aus Zeit- und Platzgründen nicht aufnehmen konnten.

Eine weitere Neuerung gegenüber unserem ersten Band ist ästhetischer Natur: Sämtliche Abbildungen wurden von unserem Fotografen Piero Casadei mit einer eigens zu diesem Zweck zusammengestellten Spezialausrüstung in Farbe aufgenommen. Außerdem hat unser Art-Direktor Giuseppe Lollo eine spezielle graphische Darstellungsform entwickelt, um die typischen Charakteristiken jeder Uhr besonders herauszustellen.

Daß wir in der Lage waren, über 300 andere Uhren zu finden und zu fotografieren, von denen viele die des ersten Bandes an Wert und Schönheit übertreffen, ist ein weiterer Beweis für die große Zahl der Meisterwerke, die die Schweizer Uhrenindustrie in den letzten 60 Jahren hervorgebracht hat. Es zeigt auch, wie viele neue und wichtige Stücke seit dem Ende der Krise kreiert wurden, jedenfalls von dem immer kleineren Kreis der Hersteller, die Luxusuhren von hervorragender Qualität in geringen Stückzahlen (2000 bis 20000 im Jahr) produzieren.

Dem Sammler möchten wir raten, jetzt damit zu beginnen, wichtige und preisgekrönte Uhren berühmter Hersteller zu erwerben, was Juweliere, Antiquitätenhändler und Uhrmacher schon seit geraumer Zeit tun. Das sind mit Sicherheit hervorragende Investitionen, denn ihr Wert wird sich in den kommenden Jahren noch vervielfachen. Wir haben uns deshalb entschlossen, das Kapitel »Die Tradition lebt weiter« hinzuzufügen, in dem wir auf einige bedeutende Modelle hinweisen, die zu erwerben sich nicht zuletzt deshalb lohnt, weil sie von Meisteruhrmachern stammen, die bald in den Ruhestand treten werden. Diese Männer schufen, als sie noch jünger waren, die wundervollen Stücke, die auf den nächsten Seiten zu sehen sind.

Mailand, März 1986

Die Urheber dieses Buches: Oben, *von links nach rechts: Giampiero Negretti, Franco Nencini.* Unten: *Bei den Vorarbeiten: Jader Barracca; Pietro Lorenzi; Massimo Barracca.*

Wir danken:

Vincenzo Andolina, Marco Antonetto, Alberica Archinto, Rosellina Archinto, Marcello Arias, Ingo Arnold, Franco Artom, Aldo Aurili, Silvia Barracca, Giovanni Battista Bernasconi, Davide Blei, Roberto Bolla, Giusi Bresciani, Luigi Calvasina, Ettore Capponi, Enzo Caputo, Giuliana Carnesecchi, Gianluigi Chiesa, Leano Coliva, Franco Cologni, Angelo Colombo, Luigi Colombo, Helmut Crott, Flaviano Dal Lago, Valerio De Giorgi, Dante De Paz, Enrico Di Santo, Aaron Faber, Alessandro Fabbiani, Stellina Fabbri, Alfredo Fagnola, Madina e Dario Ferrari, Massimo Filippini, Carlo Fontana, Emilio Fontana, Peter Fossner, Germana Galli, Egidio Gavazzi, George Gordon, Giorgio Gregato, Marcus S. Harvey, Keiko Miyasaka, Luigi Koelliker, Lele Lanfranchi, Stefano Latcovich, Carlo Loriga, Paolo Magnoni, Gianni Mainardi, Gabriele Mazzalveri, Raimondo Mazzoleni, Paolo Miccoli, Jeff Morris, Ausano Musa, Roberto Pancirolli, Osvaldo Patrizzi, Didi Pesce, Angelo Pettinari, Manolo Picerno, Giancarlo Piglia, Peter F. Planes II., Hannes A. Pantli, Guido ed Enzo Piretti, Chicco Pontiggia, Aldo Ranza, Federico Ranza, Lele Ravagnani, Florindo Rossi, Leone Russo, Daryn Schnipper, Oscar Schwank, Sig Shonholtz, Massimo Soli, Silvano Spagnoli, Alessandro Tagliabue, Daniela Tardini, Renza Tartarini, Ernesto Tocci, Stewart Unger, Grazia Valtorta, Paolo Vasco, Valerio Verga, Jac Zagoory, Franco Zanfrognini, Mimmi Zucco.

Außerdem danken wir folgenden Firmen für das uns zur Verfügung gestellte Bildmaterial: Blancpain, Ebel, Gerald Genta, IWC, Jaeger-Le Coultre, Longines, Omega, Vacheron & Constantin.

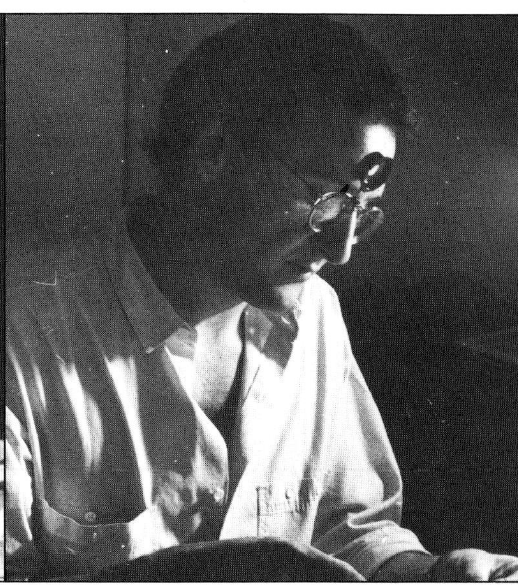

Die Uhr in der Geschichte

Herren über Zeit und Stunde

1985 verlängerte sich unser Leben um eine Sekunde. Das Internationale Büro für die Zeit beschloß, die Dauer der letzten Sekunde der 59. Minute um Mitternacht des 30. Juni auf allen Atomuhren zu verdoppeln. Wir haben der Zeit eine Sekunde gestohlen, damit die Atomzeit und die Himmelszeit oder astronomische Zeit wieder vollkommen synchron werden. Seit dem 1. Januar 1972 ist die Atomzeit die maßgebliche Einheit der Zeitmessung. Sie basiert auf der Frequenz der Schwingungen eines Caesiumisotops (Cs 133) in einer Sekunde – diese enorme Zahl von 9192631770 Schwingungen in der Sekunde verändert sich nie. Die astronomische Zeit wird von der Zeitspanne zwischen den beiden Augenblicken bestimmt, in denen die Erde den Himmelsmeridian kreuzt. Dabei treten winzige Abweichungen von einer bis vier Millisekunden auf, deshalb müssen wir die Zeit auf unserem Planeten gelegentlich neu einstellen – gerade so, als wäre unsere Erde selbst eine vielgeliebte Sammleruhr. Was aber genau *ist* Zeit? fragen wir uns. In Anbetracht der Computer, welche die Angaben von den Atomuhren an Bord der Navstar-Satelliten vergleichen, könnten Naturwissenschaftler die Frage als banal abtun. Philosophen und Gelehrten gibt die Zeit dennoch genügend Stoff zum Nachdenken. Der heilige Augustinus drückte die Bestürzung, die den Menschen ergreift, wenn er mit der Zeit konfrontiert wird, mit diesen prägnanten Worten aus »Ich weiß, was die Zeit ist, solange mich niemand danach fragt, doch sobald mich jemand fragt, was sie ist, kann ich keine Antwort geben ...« Ein großer Schriftsteller wie Jorge Luis Borges behauptete, die Zeit sei wie ein Fluß, der ihn mit sich fortreiße, brachte aber gleichzeitig die Überzeugung zum Ausdruck, *selbst* dieser Fluß zu sein. Als wollte er damit sagen, auch wir seien die Zeit, da dieser ununterbrochen dahinfließende Strom, diese metaphysische und doch so einfache und objektive Größe nicht nur die Abschnitte der Geschichte, sondern vor allem unser eigenes Leben mißt und prägt.

Es überrascht kaum, daß eben dieses Instrument, das uns hilft, die Zeit zu messen, eine so wichtige Rolle spielt. Es gibt viele Gründe für die emotionelle Bindung zwischen einem Menschen und seiner Armbanduhr – vom praktischen Nutzwert bis zum ästhetischen Genuß, vom rein materiellen Wert bis zum Wert als Erinnerungsstück, das wegen der vielen damit verbundenen Gefühle gehütet wird, vom schlichten Narzißmus bis zum Statussymbol. Die stärkste Bindung dürfte jedoch unbewußter Natur sein: Ob mit einem einfachen Band oder einer goldenen Gliederkette getragen, die Armbanduhr bindet uns an unser Schicksal. Sie erinnert uns im Laufe unseres Lebens ununterbrochen an Verabredungen, Verspätungen, unsere Arbeit, unsere Begegnungen mit anderen Menschen, an die entscheidenden Augenblicke unseres Daseins, das Wettrennen mit der Zeit und das Vergnügen, das es uns bereitet, einfach auf der faulen Haut zu liegen. Die Armbanduhren, die wir hier vorstellen, sind einzigartige

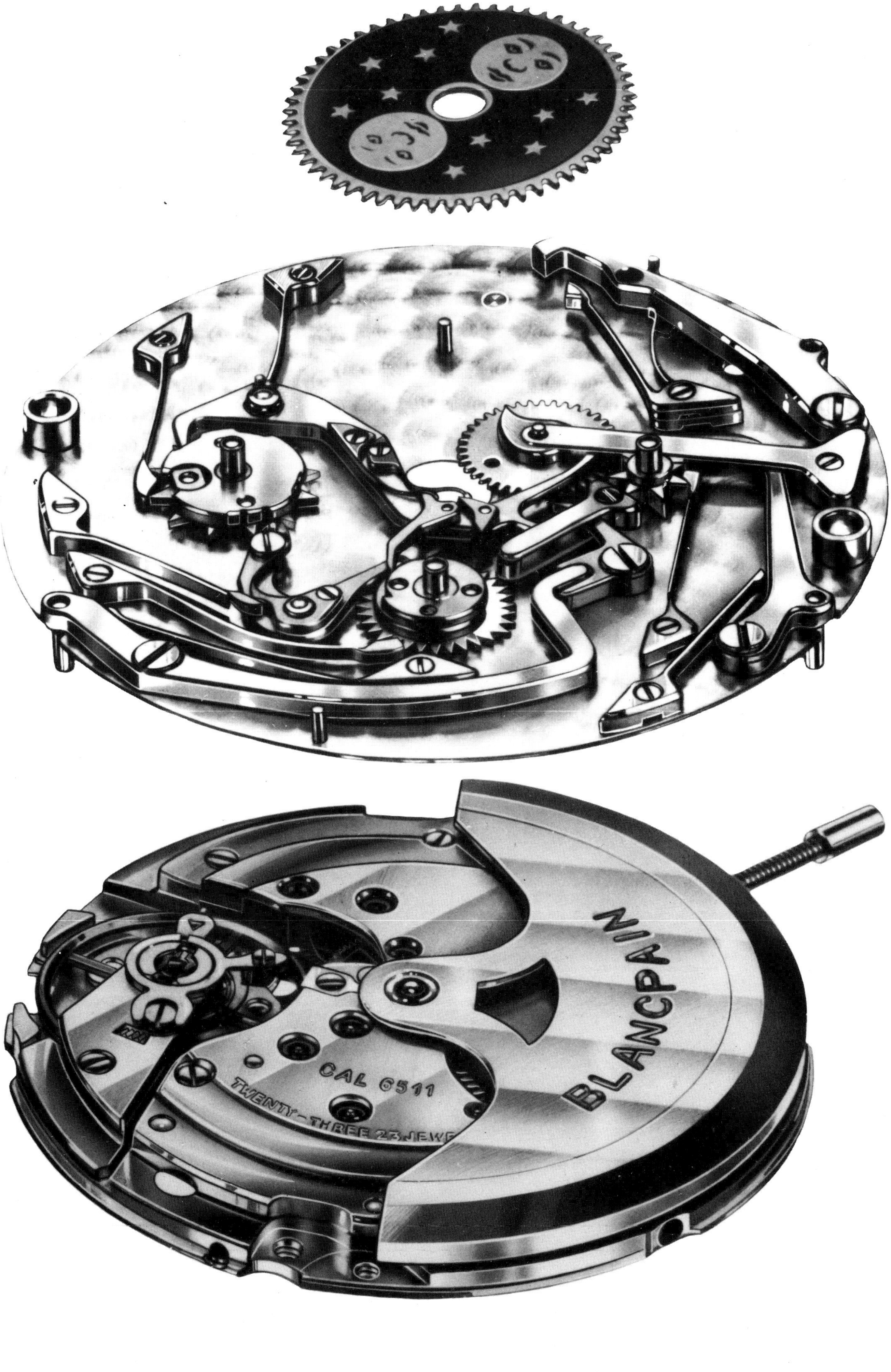
CAL 6511
BLANCPAIN

Verkörperungen der persönlichsten und intimsten Beziehung, die zwischen dem Menschen und dieser kleinen Maschine überhaupt denkbar ist. Nach den Worten des Soziologen Lewis Mumford ist »die Uhr mehr noch als die Dampfmaschine die wahre Protagonistin der Industriellen Revolution«.

Bevor die Uhr im persönlichen Gebrauch diese Bedeutung erreichen und die Armbanduhr das schönste Symbol für Individualismus und Geschmack werden konnte, mußten viele Jahrhunderte vergehen, ungefähr vom Mittelalter bis zum 19. Jahrhundert. Die Macht der Uhr über das *persönliche* Leben begann in der italienischen Renaissance, also in jener Epoche, die den Triumph des Individuums darstellte. Der Humanist Leon Battista Alberti schrieb 1433: »Es ist das Allerwichtigste, die Zeit immer im Auge zu behalten und seinen täglichen Arbeiten nachzugehen, ohne dabei je eine Stunde zu verlieren ... Wer es versteht, keine Zeit zu verschwenden, ist zu fast allem fähig, und wer die Zeit richtig zu nutzen weiß, wird Herr über alles sein, was er begehrt.« Die Geschichte der Armbanduhr spiegelt nicht nur die Entwicklung des technischen, sondern auch des sozialen Fortschritts, und es lohnt sich, ihre Sternstunden zu studieren.

Die öffentliche Uhr

Wenn wir von einer mechanischen Uhr sprechen, meinen wir ein System von Zahnrädern, das durch Gewichte angetrieben und durch eine Hemmung vervollständigt wird. Solche Mechanismen kann man über sieben Jahrhunderte zurückverfolgen, obwohl wir nicht mit Sicherheit sagen können, wann und von wem sie erfunden wurden. Wir wissen nur, daß König Alfons der Weise von Kastilien in seinen 1270 verfaßten »Büchern über die Wissenschaft der Astronomie« nichts über die Uhr sagt. Dante dagegen liefert im 24. Gesang des *Paradieses,* das er zwischen 1316 und 1321 schrieb, eine anschauliche Beschreibung der Uhr und ihrer rotierenden Achse.

»Gleich wie im Werk der Uhr die Räderkreise
Sich drehen so, läßt man den Blick drauf ruhn,
Als ob das erste steh, das letzte kreise.«

Der erste Zeitmesser dieser Art wurde wahrscheinlich um 1300 in Europa gefertigt, nicht etwa, weil das Volk danach verlangte, sondern weil der Klerus und die herrschenden Klassen ein solches Gerät brauchten. Damals lebten und arbeiteten neun von zehn Europäern auf dem Land, und ihre Uhr war die Mutter Natur in Form von Sonne, Mond und dem unveränderlichen Rhythmus der Jahreszeiten. Sie hielten sich an dieses System ihrer Vorväter, weil eine annähernde Angabe der Tageszeit ihnen völlig ausreichend erschien; ihnen genügte die Sonnenuhr. Es waren geistliche und weltliche Fürsten, die ihre Astronomen und Naturwissenschaftler anhielten, genau funktionierende Instrumente für die Zeitmessung zu konstruieren. Der Wunsch nach Prestige oder das Verlangen, anderen Landesherren nicht nachzustehen, waren hierfür nicht die einzigen Gründe. Für das Leben am Hof waren Zeitmesser wichtig, zum Beispiel bei Audienzen, Darbietungen und Festen, aber von noch größerer Bedeutung waren sie für Handel und Militär.

Schon 1086 hatte ein junger chinesischer Kaiser einem seiner Hofbeamten, Su Sung, aufgetragen, eine astronomische Uhr anzufertigen, die alle bis dahin gebauten Uhren an Vollständigkeit und Genauigkeit übertreffen sollte. Acht Jahre später war die Uhr fertig. Sie war ungeheuer groß und wog einige Tonnen, wurde durch ein Wasserrad angetrieben und war in einem 13 Meter hohen Turm untergebracht. In einem der faszinierendsten Bücher, das über die Geschichte der Uhr geschrieben wurde, nämlich »The Story of Time«, fragt sich der Autor David S. Landes, warum es den Chinesen trotz ihrer technologischen Kenntnisse nicht gelang, vor den Europäern eine mechanische Uhr zu konstruieren.[1] Landes, der Dozent an der Harvard University ist, sieht die Gründe hierfür in der Tatsache, daß die eben erwähnte Uhr dazu angelegt war, die Bewegungen der drei Quellen des Lichts – Sonne, Mond und bestimmte Sterne – wiederzugeben, die eine grundlegende Rolle in der chinesischen Kalenderrechnung und Astrologie spielen. Die Chinesen gingen die Materie zwar wissenschaftlicher an, aber ihre Philosophie der Zeit unterschied sich doch weitgehend von der europäischen. Erst um 1500 zeigten Jesuiten den chinesischen Kaisern zum erstenmal mechanische Uhren, die im Reich der Mitte dann bald zu begehrten Sammelobjekten wurden.

In der westlichen Welt wurde die neue Maschine ein wichtiger Bestandteil des Klosterlebens. Die Mönche konnten nun mit einem Blick die Zeit ablesen, was unschätzbar wichtig war, weil der Tag peinlich genau in Stunden des gemeinsamen Gebets und Stunden der Arbeit auf dem Feld oder in der Bibliothek eingeteilt war. Die Uhr wurde letztlich zum Instrument im Dienst der Gottesverehrung, denn die Mönche führten ihre verschiedenen Aufgaben nunmehr unter dem neuen Aspekt der strengen Disziplin aus. Der Mönch wurde ein Sklave der Uhr, er mußte sie achten und jeder Versuchung widerstehen, seine Zeit träumend, faulenzend oder müßig plaudernd zu verbringen. Man kann ihn daher bis zu einem gewissen Grad als entfernten Vorläufer des Fließbandarbeiters betrachten, der seit den Anfängen der Industriellen Revolution ein Sklave der auf die Sekunde abgestimmten Fließbänder ist. Klosteruhren waren allerdings nicht die einzigen Zeitmesser, die es gab. Das weltliche Gegenstück war die öffentliche Uhr, die den Bürgern eines Städtchens oder eines Stadtviertels die Zeit anzeigte. Sie war hoch oben auf einem Wehr- oder Glockenturm angebracht, damit möglichst viele Menschen sie sehen und schlagen hören konnten. Die 24 Stunden des Tages waren darauf eingezeichnet. Die tägliche Zeitrechnung begann in Italien ungefähr eine halbe Stunde nach Einbruch der Dunkelheit. Enrico Morpurgo machte zu Recht darauf aufmerksam, daß diese Art der Zeitrechnung noch durch die Tatsache kompliziert wurde, daß man die Zeiger etwa alle zwei Wochen wieder richtig stellen mußte, weil die Sonne im Winter sehr früh, im Sommer aber sehr spät untergeht.[2] Die Kirche hatte eine eigene Art der Zeitrechnung, und die Stunden wurden sogar anders geschlagen. Drei Glockenschläge kündigten die erste Stunde des Tages an, zwei die dritte Stunde (ungefähr um neun Uhr morgens), eine die sechste Stunde, wiederum zwei Schläge die neunte Stunde, drei die Abendandacht und vier schließlich das Abendgebet kurz vor der Nachtruhe. Diese besondere Methode war die Wurzel vieler Traditionen und

Redensarten, die noch heute in Europa und besonders in Italien verbreitet sind. Die sechste Stunde zum Beispiel entsprach unserem heutigen Mittag, und so bekam das spanische Wort *siesta* (»die sechste«) in den Teilen der Erde, die vom spanischen Weltreich und seiner Sprache beeinflußt wurden, die Bedeutung der Zeitspanne nach dem Mittagessen. Die sechste Stunde hieß auf Latein *hora sexta,* und die Klosteruhren zeigten sie mit einem einzigen Glockenschlag an, den man im Italienischen *il tocco* nannte, was noch heute umgangssprachlich ein Uhr mittag bedeutet.

Die verschiedenen Systeme der Zeitrechnung waren sogar Teil und Gegenstand politischer Auseinandersetzungen zwischen den kirchlichen und den weltlichen Mächten, die oft zu militärischen Konflikten führten, weil jede Seite unbedingt ihr System der anderen aufdrängen wollte. Man kann sich vorstellen, wie verwirrend es für die Bevölkerung gewesen sein muß, zwischen zwei verschiedenen Zeitrechnungen zu stehen. Die mechanische Uhr verbreitete sich rasch, und gegen Ende des 14. Jahrhunderts war sie das einzige gültige Instrument der Zeitangabe im öffentlichen Leben. Der Tag wurde in 24 gleich lange Stunden unterteilt, und die Zeitrechnung begann mit dem Sonnenaufgang. Pietro Citati beschreibt es so: »Glocken läuteten den Beginn der Arbeit ein, die Mahlzeiten, das Ende des Arbeitstages, sie läuteten, wenn die Stadttore geschlossen wurden, wenn der Markt eröffnet und geschlossen wurde, um Versammlungen und den öffentlichen Rat einzuberufen, um anzukündigen, daß die letzten Getränke ausgeschenkt werden, wenn die Straßen gesäubert wurden, um abends den Beginn der Ausgehsperre zu signalisieren ... Glocken läuteten und mahnten die Seele mit einer Unzahl besonderer Töne und Tonkombinationen.«[3] Jeder Stadtbezirk, jede Kirche, jeder Fürstenhof wollte die schönste und ansehnlichste Uhr haben, und man rivalisierte heftig um die besten Uhrenbauer. Bewegliche Figuren erhöhten den optischen Reiz von Uhren. Zunächst waren es einfache Figuren, die die Stunden schlugen, aber bald wurden sie von der religiösen Kunst der Zeit inspiriert: Scharen von Engeln neigten sich vor einer Madonna, und Engel bliesen Trompete. Auch die Ziffernblätter wurden aufwendiger und zeigten die Bewegungen der Sonne, des Mondes, der Planeten und der Sternzeichen. Die erste öffentliche Uhr, die Sonnen- und Mondphasen anzeigte, wurde 1344 von Jacopo de' Dondi in Padua gebaut, der Professor für Philosophie und Medizin an der dortigen Universität war. 20 Jahre später schuf sein Sohn Giovanni eine noch außergewöhnlichere Uhr. Sie hatte nicht nur ein Zifferblatt für die Stundenanzeige, sondern noch weitere sieben für die damals bekannten Planeten und zeigte außerdem die Positionen von Sonne und Mond so genau an, daß man das Datum von Sonnenfinsternissen im voraus berechnen konnte. De' Dondi reichte es nicht, daß die Uhr jeden Tag des Jahres anzeigte, und er fügte deshalb später noch einen Kalender aller veränderlichen Feiertage hinzu, der auf dem Prinzip der Rechenmaschine beruhte. »Um dieses erstaunliche Instrument zu schaffen, das die unregelmäßigen Bewegungen der Planeten bis ins Detail wiedergab, verwandte er Räder mit innerer Zahnung, elliptische Räder, fein gezahnte Räder, Gelenkketten, periodisch aussetzende Übersetzungen und spiralförmige Zahnungen. Jedes dieser Teile war damals eine gänzlich neue Erfindung, und es sollten erst wieder über 200 Jahre vergehen, bevor mechanisch begabte Genies ein ähnliches Projekt in Angriff nahmen, ohne ihr Vorbild jedoch übertreffen zu können.«[4]

Diese Herausforderung faszinierte auch die Menschen der Neuzeit. Eine im 20. Jahrhundert in England nachgebaute Kopie von Giovanni de' Dondis Uhr ist heute zusammen mit anderen technischen Meisterwerken bis hin zu Raumfahrtinstrumenten im Smithsonian Museum in Washington ausgestellt. Drei weitere Nachbildungen wurden in den letzten Jahren mit unendlicher Geduld von dem großen Mailänder Uhrmacher Luigi Pippa hergestellt, der sie sorgfältig, Stück für Stück, rekonstruierte. Eine davon ist im Mailänder Museum für Naturwissenschaft und Technik zu sehen, eine weitere in den Vatikanischen Museen, wo auch die Manuskripte aufbewahrt liegen, in denen de' Dondi sein Meisterwerk bis ins letzte Detail beschrieb. Persönlichkeiten wie de' Dondi leiteten die große europäische Uhrmachertradition ein, die seit 1600 ihren unangefochtenen Stammsitz in Genf hat. In der Zwischenzeit ermöglichte der technische Fortschritt zwei epochale Erfindungen: Die Feder, durch die Uhren jetzt in jeder Lage funktionieren können, führte zur Herstellung kleinerer Uhren, und das Pendel ermöglichte die Entwicklung der Tischuhr. Die meisten Uhrmacher jener Zeit waren Protestanten und übten ihr Handwerk in Ländern wie England und der Schweiz aus, die den Opfern der religiösen Verfolgungen in Frankreich Zuflucht gewährten. Die besten Uhrmacher Frankreichs waren damals Protestanten. »Die Genfer«, schreibt Landes, »widmeten sich dem neuen Handwerk mit großem Einsatz und stellten bald die kompliziertesten Uhren her, die es im Europa des 17. Jahrhunderts gab. Sie scheinen sich auf sogenannte Figurenuhren in Form von Tieren, Blumen, Totenschädeln (letztere als Memento Mori), auf Uhren in Kreuzform für die Geistlichkeit und die besonders frommen Gemeindemitglieder und auf Mondphasenuhren (astronomische Uhren) spezialisiert zu haben, die besonders bei Moslems sehr gefragt waren, da sie den Mondkalender benutzten.«[5]

China und die Türkei waren für Genf wichtige Märkte, und bis vor etwa 20 Jahren war Istanbul eine lohnende Anlaufstelle für italienische Sammler auf der Suche nach alten und wertvollen Uhren. Die Genfer hatten einen natürlichen Hang, im Ausland zu leben und zu handeln, und viele von ihnen wollten den drückenden Schranken der strengen, calvinistischen Stadtrepublik entkommen, um neue und exotische Abenteuer zu suchen. Diese Uhrmacher waren oft überraschend gute Verkäufer und wurden an den Höfen des Orients fürstlich empfangen. Das erste Edikt, das die Uhrmacher zu einer Berufszunft vereinigte, wurde am 19.1.1601 erlassen und befindet sich heute im Staatsarchiv der Schweiz. Es schrieb peinlich genau die Arbeitsbedingungen für Lehrlinge, Gesellen und Meister vor. Wollte ein Geselle Meister werden, mußte er sich einer Reihe von Prüfungen unterziehen, in denen » ... solche Gesellen, die eine eigene Werkstatt aufmachen und als Uhrmachermeister arbeiten wollten, aufgefordert wurden, die oben erwähnten Meister des Handwerks

Die Astraluhr von Giovanni de'Dondi, nachgebaut vom Mailänder Uhrmacher Luigi Pippa. (Foto Savini)

zusammenzurufen, um sie um Erlaubnis zu bitten und dann nach ihren Anweisungen eine kleine Uhr, die um den Hals getragen wurde, sowie eine eckige Tischuhr zu erstellen und die Summe von 30 Florin zu bezahlen, um so mit einem einmaligen Beitrag die Zunftgebühr zu entrichten.«[6]

Die private Uhr

Wie wir diesem offiziellen Dokument ferner entnehmen können, waren die Herstellung von Uhren und der Handel mit ihnen in der Schweiz schon um 1600 gut organisierte und lukrative Tätigkeiten. Der Trend ging nun zunehmend von der »öffentlichen Uhr« und der Uhr als Privileg des Adels und der Geistlichkeit zur »privaten Uhr«, die sich nun auch das Bürgertum leisten konnte. Man konnte sich für einen erschwinglichen Preis eine eigene Uhr kaufen, die allerdings in den meisten Fällen nicht besonders wertvoll war. In der zweiten Hälfte des 17. Jahrhunderts wurden große Fortschritte in der Genauigkeit erreicht. Durch den Hakengang, der vermutlich 1674 von dem Holländer Christiaan Huygens erfunden, aber erst später von dem Engländer Robert Hook perfektioniert und vermarktet wurde, wurden die Uhren fast so ganggenau wie die heutigen Uhren. (Hook hatte sich übrigens mit Erfolg mit der Lösung des Problems des Längengrades beschäftigt, was für die Seefahrt von großem Nutzen war, denn bis dahin waren die Steuerleute bei der Berechnung der Route und Geschwindigkeit ihrer Schiffe auf Schätzwerte angewiesen gewesen.) »Durch die Verbesserung der Ganggenauigkeit von ehemals einer halben Stunde Abweichung oder mehr zu kaum fünf Minuten täglich wurden diese Uhren fast ebenso funktionstüchtig wie die Zeitmesser, die unser Leben und unsere Arbeit regulieren. Der Hakengang ebnete den Weg für die heute so unumgängliche Pünktlichkeit und war ähnlich revolutionär wie in den siebziger Jahren unseres Jahrhunderts die Quarzkristalle, denen die mechanischen Zeitmeßgeräte weichen mußten.«[7]

Es erübrigt sich, an dieser Stelle von der Rolle der Uhr in der Kunst und als Antiquität zu sprechen, da es schon eine umfangreiche internationale Literatur dazu gibt.[8] Die »Privatisierung der Zeit« führte zu einer wahren Revolution in der Mode und den Sitten und Lebensgewohnheiten. Von Landes wissen wir: »Ohne die Pünktlichkeit, die diese kleinen Instrumente bewirkten, wären das städtische Leben und die Zivilisation vom ausgehenden 19. Jahrhundert an bis heute undenkbar ...«[9] Die Uhrmacherkunst war schon immer eine fortschrittliche Branche, die sich schnell weiterentwickelte. In künstlerischer und wissenschaftlicher Hinsicht ist besonders Abraham Louis Breguet (1747–1823) hervorzuheben. Ihm verdanken wir den Tourbillon, die Kompensation, einen neuen Typ der Ankerhemmung und die Breguet-Spirale.

»Seine Phantasie war so reich, sein Geschmack so streng und rein, sein Talent so originell und seine Anforderungen an sich selbst so hoch, daß die von ihm entworfenen und gebauten Uhren der Stolz und die Freude der Sammler sind, die sie sich leisten können ... Gekrönte Häupter und die reichsten Geschäftsleute Europas klopften bei ihm an und warteten manchmal Monate auf die gewünschte

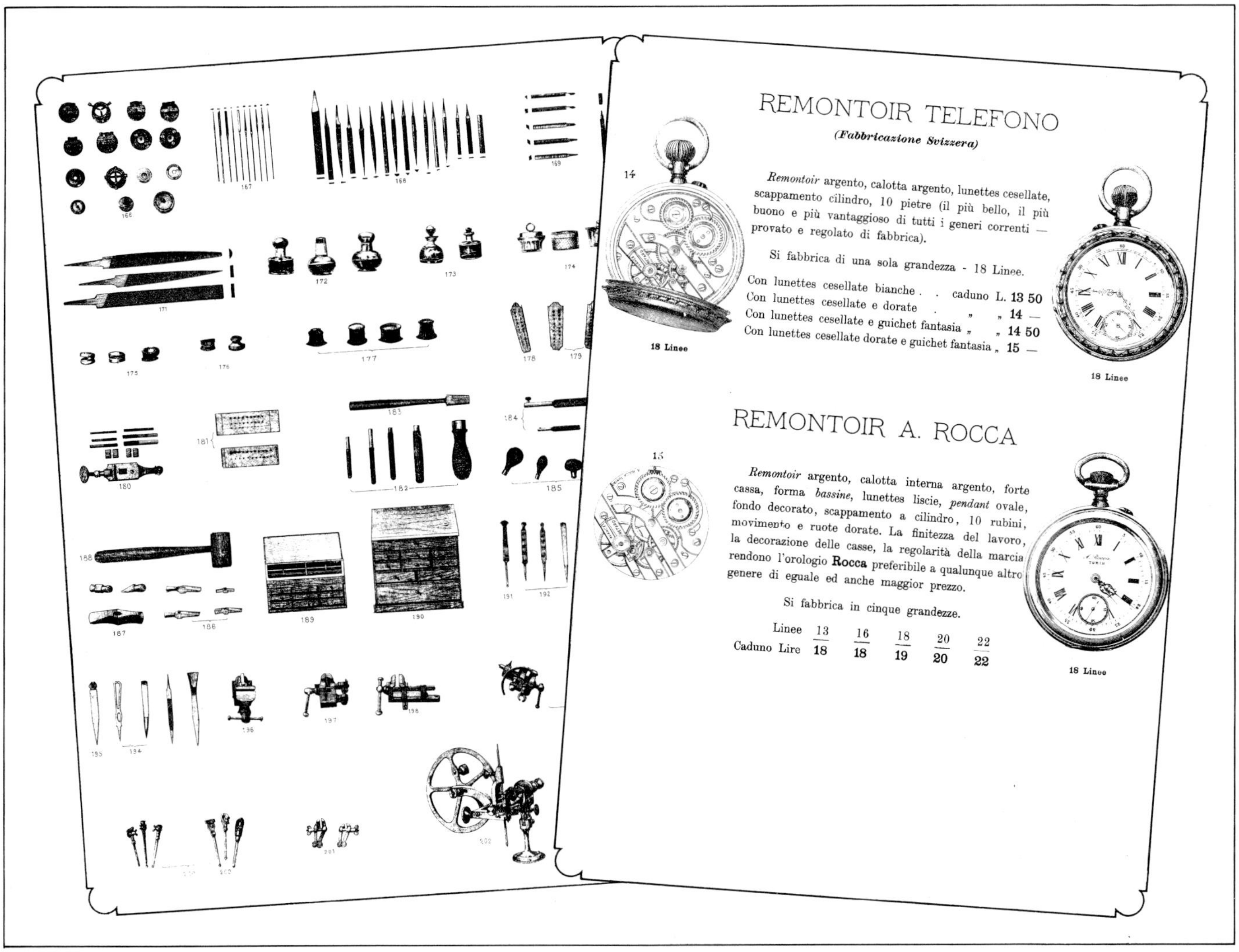

Zwei Seiten aus dem Katalog (Ende des 19. Jahrhunderts) der Firma Rocca aus Turin, die zu den ältesten und bedeutendsten italienischen Firmen der Branche zählt.

Uhr.«[10] Zu Zeiten Breguets war Paris das internationale Zentrum für künstlerisch und technisch wertvolle Uhren. London war bekannt für seine Schiffschronometer und bestimmte Taschenuhren und für die beiden großen Uhrmachermeister John Arnold und Thomas Anjou, Genf aber blieb das kommerzielle Zentrum der Branche: Alten Akten können wir entnehmen, daß hier in der goldenen Zeit von 1750 bis 1785 im Jahr 250000 Uhren hergestellt wurden. Ihr Handelswert belief sich auf 45 Millionen Franken jährlich, und der größte Anteil der Produktion wurde exportiert. Trotz dieser großen Mengen gab es Lieferengpässe.

Der Mann, dem wir einen weiteren Schritt in der Verbreitung der Taschenuhr verdanken, war Georges-Frédéric Roskopf (1813–1889). Er hatte seit frühester Jugend als Uhrmacher in La Chaux-de-Fonds gearbeitet. 1860 » ... nahm er ein für seine Zeit besonders kühnes Unterfangen in Angriff: Eine qualitativ gute, besonders strapazierfähige und zuverlässige Uhr anzufertigen, die für nur 20 Franc verkauft werden sollte ... Das gelang ihm zwischen 1865 und 1867, wobei er sich an die Prinzipien hielt, die er sich selbst gesetzt hatte:

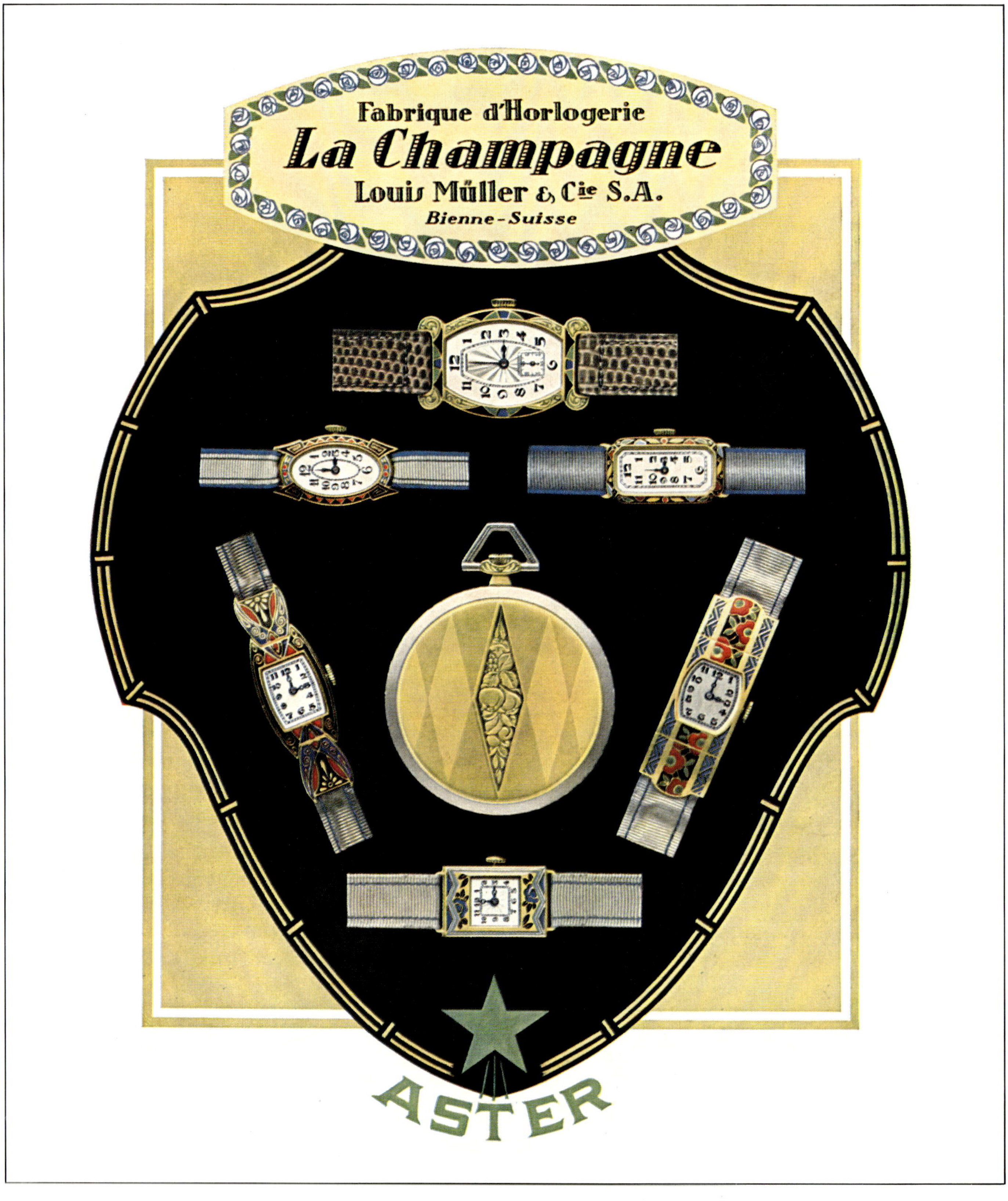

Eine Anzeige aus den zwanziger Jahren.

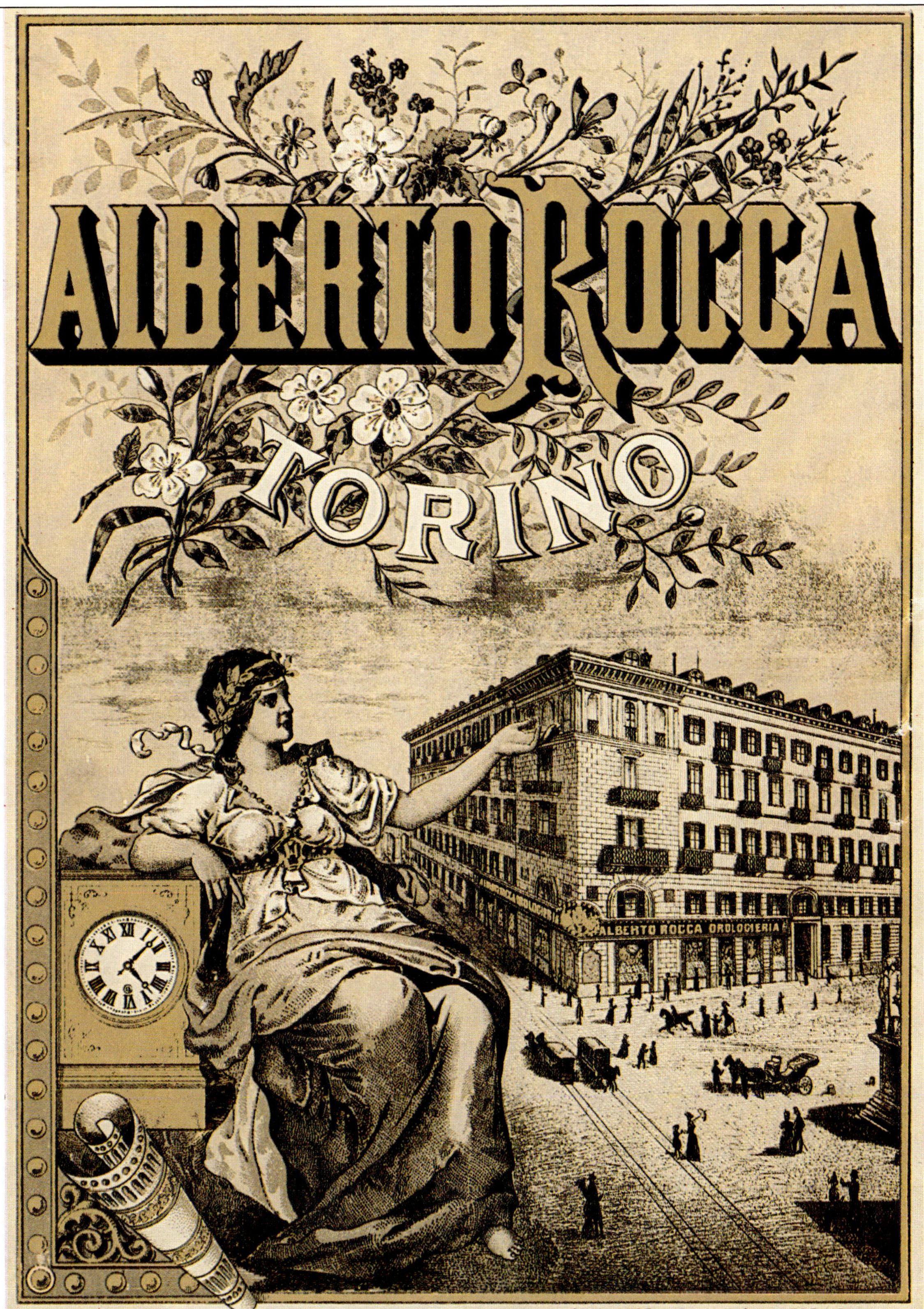

Anzeige um die Jahrhundertwende.

Moralische Prinzipien:
1. Für die Arbeiterklasse eine genau gehende Uhr zu einem erschwinglichen Preis auf den Markt zu bringen.
2. Aus diesem Grunde auf alle unnötigen und teuren Arbeiten am Gehäuse und den äußeren beweglichen Teilen zu verzichten und das so gesparte Geld in die Teile zu investieren, die für die grundlegenden Funktionen des Mechanismus wichtig sind.
3. Nur bestes Material zu benutzen und die angestellten Arbeiter gut zu bezahlen, um einen hohen Standard wahren zu können.

Technische Prinzipien:
1. Die Anzahl der mechanischen Teile zu verringern.
2. Vereinfachung der Hemmung.
3. Verbesserung des Aufzugssystems.
4. Verwendung der größtmöglichen Antriebskraft.
5. Einfachheit und Stabilität des Gehäuses.«[11]

Roskopfs erste »proletarische« Uhr kam 1870 auf den Markt und kostete 25 Franc. Natürlich war es eine Taschenuhr aus Stahl, doch sie band auch den kleinen Mann stärker in das soziale Gefüge ein. Mit ihr konnte er die Arbeitsstunden, die sein Arbeitgeber vorschrieb, überprüfen. Die Uhr ermöglichte es ihm auch, die Abfahrtszeiten der Züge einzuhalten oder die Dauer eines Ausfluges zeitlich zu ermessen. Als die Taschenuhr und die Halsbanduhr in den ersten Jahrzehnten des 20. Jahrhunderts dann von der Armbanduhr verdrängt wurden, war der psychologisch revolutionäre Umerziehungsprozeß zu Pünktlichkeit bereits abgeschlossen und die Beziehung des Menschen zu seiner Uhr ein für allemal gefestigt.

Vom Schmuckstück zum Gebrauchsgegenstand

Die Geschichte der Armbanduhr soll, so heißt es, mit einer viereckigen Uhr mit Edelsteinen und Armband begonnen haben, die Patek Philippe 1868 für die ungarische Gräfin Kocevicz fertigte.

Über frühere Entwicklungen gibt es nur Anekdotisches – so die Überlieferung, daß der Schweizer Uhrmacher Jacquot Droz der Erfinder der Armbanduhr war. Die Idee, Uhren zu bauen, die statt in der Tasche am Handgelenk getragen wurden, soll ihm gekommen sein, als er einmal im Park einer Villa ein Kindermädchen beobachtete, das seine kleine Halsbanduhr mit einem Samtbändchen am Handgelenk befestigt hatte, um gleichzeitig auf das Kind und die Uhrzeit achten zu können. Andererseits gibt es reichhaltige historische und künstlerische Belege über kostbare Schmuckarmbanduhren, die große Goldschmiede im 19. Jahrhundert für Damen des Adels fertigten. Wir wissen zum Beispiel, daß Prinzessin Amalie Auguste von Bayern zu ihrer Hochzeit mit Eugène de Beauharnais, einem Sohn der Kaiserin Josephine aus ihrer Ehe mit Alexandre de Beauharnais, zwei Armbänder mit einer in Edelsteinen eingefaßten Uhr geschenkt bekam. Doch wie so viele Erfindungen wurde auch die Armbanduhr, wie wir sie kennen, erst unter dem Druck bestimmter Bedürfnisse, gewandelter Sitten und technischer Fortschritte vervollkommnet und erlangte erst dann größere Verbreitung. Es liegt auf der Hand, daß die Zeit für das goldene Leben bei Hofe nur bedingt von Bedeutung war; genauso offensichtlich ist, daß Pünktlichkeit im Zeitalter der industrialisierten und mobilen Gesellschaft rasch unabdingbar wurde. *Time is money,* Zeit ist Geld – auch die berühmte Maxime des Kapitalismus ist eng mit der Uhr verbunden. Wie wir bereits gesehen haben, erkannte Leon Battista Alberti dies schon vor 500 Jahren. Ein Naturwissenschaftler und Philosoph wie Silvio Coccato behauptet heute, daß die Redensart »Zeit ist Geld« viel mehr sei als ein beliebter Ausspruch: »Durch kybernetische Untersuchungen wissen wir heute, daß Worte das Ergebnis menschlicher Denkprozesse sind. Wenn der Mensch also in Worten Zeit mit Geld verknüpft, dann heißt dies, daß die Zeit auch in seinem Kopf mit seiner ganzen Art zu denken untrennbar verbunden ist.«[12]

Die Herrschaft der Taschenuhr wurde erstmalig durch die Bedürfnisse der Armee erschüttert. Den Büchern des Hauses Girard Perregaux konnten wir entnehmen, daß die Firma bereits 1880 Armbanduhren an die Offiziere der k.u.k. Marine lieferte. Aber auch die anderen Mächte, die gegen Ende des Jahrhunderts koloniale und andere Konflikte auf den verschiedenen Kontinenten austrugen, versahen ihre Streitkräfte immer häufiger mit Armbanduhren, die in jeder Lebenslage und besonders im Getöse einer Schlacht praktischer waren. In der Damenwelt fanden die Armbanduhren nicht zuletzt wegen der Mode der langärmeligen Kleider Gefallen, weil sie weniger aufwendig und leichter zu handhaben waren als Schmuckuhren. Seit der Jahrhundertwende konnten sich nicht nur die Damen der von Marcel Proust geschilderten Salons eine Armbanduhr leisten, sondern auch Bürger- und Arbeiterfrauen. Natürlich konnten sich nur wenige den Traum einer Cartier erfüllen, doch das neue, kühne Symbol der Emanzipation war auch in Form jener Serienmodelle erhältlich, die damals mehr und mehr Firmen produzierten. Statistiken ist zu entnehmen, daß 1902 im Deutschen Reich 93000 Armbanduhren verkauft wurden, 1907 bereits 400000.

Auch der Sport, die zweite große gesellschaftliche Revolution der Zeit, die in verschiedensten Disziplinen eine wachsende Zahl von Begeisterten anlockte, trug zur Verbreitung der Armbanduhr bei. Fahrrad- und Motorradfahrer, aber auch die ersten Autorennfahrer liefen nun nicht mehr Gefahr, gegen einen Baum zu rasen, während sie das Unmögliche versuchten – im Fahren die Uhr aus der Tasche zu ziehen, die Zeit abzulesen und sie anschließend wieder zurückzustecken.

Richtungweisend waren schließlich auch zwei wagemutige Männer, deren Begegnung zur Entstehung einer Uhr führte, die zum Mythos geworden ist und noch heute als Vorbild für Zeitmesser dient. Es handelt sich natürlich um die Begegnung von Alberto Santos-Dumont und Louis Cartier. Ersterer, Sproß einer steinreichen brasilianischen Familie, war ein wagemutiger Pionier der Luftfahrt, der seine Zeit am liebsten in den Armen schöner Pariserinnen oder in der Luft verbrachte, wo er immer neue Rekorde aufzustellen versuchte. Louis Cartier, Erbe eines schon fast magischen Namens in der Welt des Schmucks, war ein Pionier auf anderem Gebiet. Sein Ziel war, den Luxus und die kostbare Erscheinung der alten Schmuckuhren mit den Errungenschaften der Technik und den verschiedensten praktischen Bedürfnissen des »schnellen Jahrhunderts« in Einklang zu bringen.

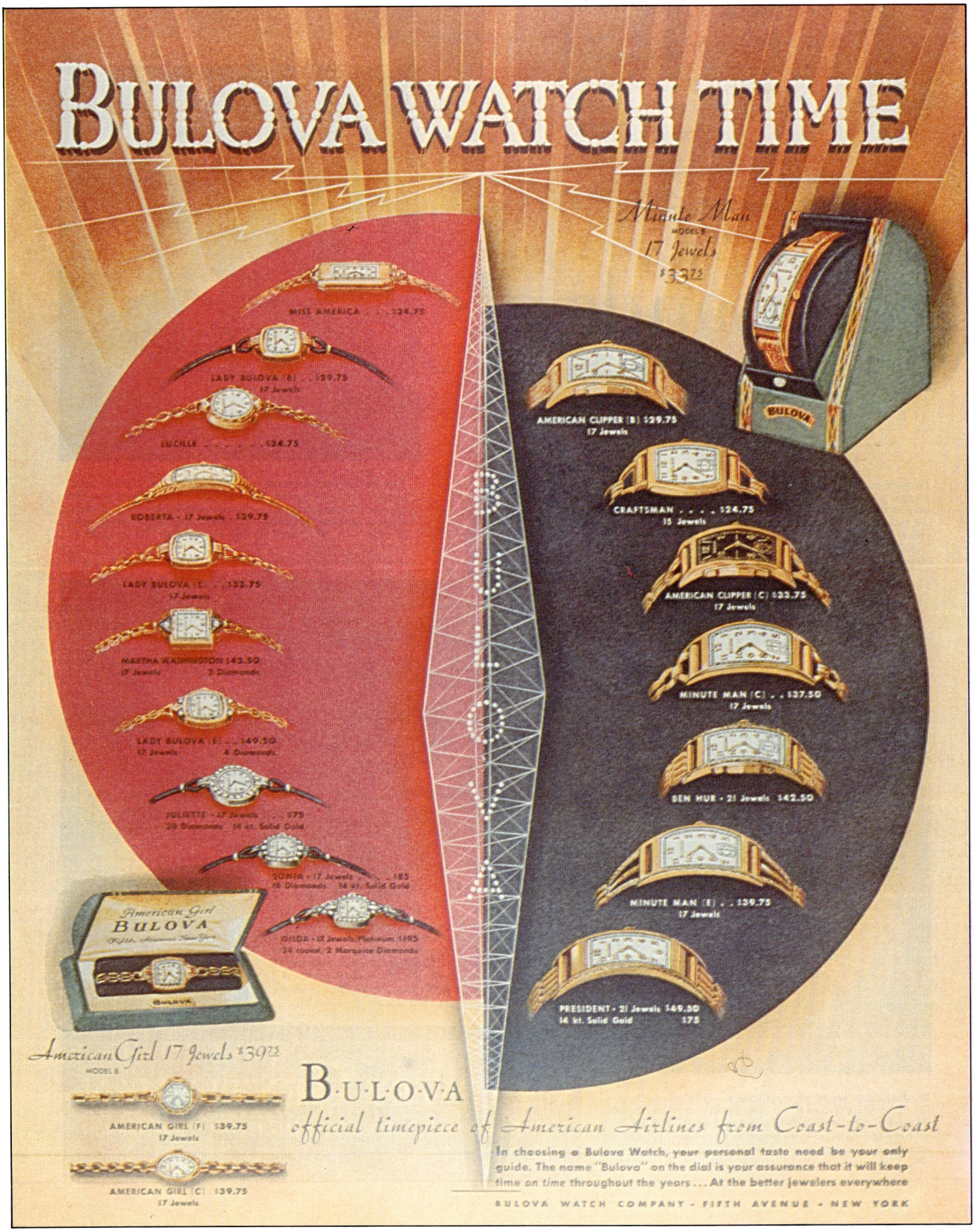
BULOVA WATCH TIME
Minute Man
MODEL B
17 Jewels
$33.75
MISS AMERICA . . . $24.75
LADY BULOVA (B) . . $29.75
17 Jewels
LUCILLE $24.75
ROBERTA - 17 Jewels . $29.75
LADY BULOVA (C) . . $33.75
17 Jewels
MARTHA WASHINGTON $42.50
17 Jewels 2 Diamonds
LADY BULOVA (E) . . $49.50
17 Jewels 4 Diamonds
JULIETTE - 17 Jewels . . . $75
20 Diamonds 14 kt. Solid Gold
SONIA - 17 Jewels . . . $85
18 Diamonds 14 kt. Solid Gold
GILDA - 17 Jewels, Platinum $195
24 round, 2 Marquise Diamonds
American Girl
BULOVA
Fifth Avenue New York
BULOVA
AMERICAN CLIPPER (B) $29.75
17 Jewels
BULOVA
CRAFTSMAN $24.75
15 Jewels
AMERICAN CLIPPER (C) $33.75
17 Jewels
MINUTE MAN (C) . . $37.50
17 Jewels
BEN HUR - 21 Jewels $42.50
MINUTE MAN (E) . . $39.75
17 Jewels
PRESIDENT - 21 Jewels $49.50
14 kt. Solid Gold $75
American Girl 17 Jewels $39.75
MODEL B
AMERICAN GIRL (F) $39.75
17 Jewels
AMERICAN GIRL (C) $39.75
17 Jewels
B·U·L·O·V·A
official timepiece of American Airlines from Coast-to-Coast
In choosing a Bulova Watch, your personal taste need be your only guide. The name "Bulova" on the dial is your assurance that it will keep time on time throughout the years . . . At the better jewelers everywhere
BULOVA WATCH COMPANY - FIFTH AVENUE - NEW YORK

Santos-Dumont war also an die richtige Adresse geraten, als er Cartier eines Tages erklärte, wie schwierig es sei, am Steuerknüppel eines Flugapparats eine Taschenuhr aus der Westentasche zu ziehen. Das war im Jahre 1904. Der junge Cartier machte sich an die Arbeit und beauftragte seine Uhrmachermeister mit der Herstellung eines ebenso raffinierten wie revolutionären Gegenstands. Das Armband, ehemals im Mittelpunkt der Aufmerksamkeit, wurde durch ein einfaches Lederband ersetzt. Das Gehäuse erhielt eine viereckige Form, damit mehr Platz für das Uhrwerk zur Verfügung stand, und schließlich wurde durch schwarze Zeiger auf weißem Zifferblatt und römische Zahlen eine optimale Lesbarkeit erreicht. Bei dem massiv goldenen Gehäuse wurde, vielleicht zum erstenmal, größter Wert auf Widerstandsfähigkeit gelegt. All dies waren Lösungen ganz bestimmter praktischer Bedürfnisse, Lösungen, die sich durch Kreativität und Eleganz auszeichneten und heute wohl einen Preis für hervorragendes Industriedesign bekommen würden.

Man kann wohl sagen, daß mit dieser Uhr, die erst später den Namen »Santos« erhielt, ein neuer Weg eingeschlagen wurde. Im legendären »goldenen Zeitalter der Armbanduhr« zwischen den späten zwanziger und den ausgehenden dreißiger Jahren treffen wir immer häufiger auf diese glückliche Vereinigung von technischer Erneuerung und ästhetischer Eleganz, geschaffen von berühmten Persönlichkeiten, deren Modelle zu Vorbildern wurden und heute begehrte Sammlerobjekte sind.

1927 finden wir am Handgelenk der unerschrockenen Mercedes Gleitze, die den Ärmelkanal durchschwamm, eine »Rolex Oyster« – die erste wasserdichte Uhr der Welt.

Die Firma Rolex war es auch, die 1931 die erste automatische Armbanduhr auf den Markt brachte. Sie beruhte auf einem Patent, das der Engländer Harwood, der Erfinder der ersten Armbanduhr mit Selbstaufzug, 1926 hatte eintragen lassen. 1929 gewann Le Coultre eine Wette, wer die kleinste Uhr der Welt fertigen könnte: Das Zifferblatt seines Exemplars war ganze 4 x 4 Millimeter groß!

In jenen Jahren erblickte auch die von Jaeger-Le Coultre entworfene »Reverso« das Licht der Welt – sehr zur Freude der Anhänger eleganter Sportarten wie Golf, Polo und Tennis; denn ihr Gehäuse ließ sich drehen, so daß die goldene oder metallene Rückseite an die Stelle des Glases zu liegen kam. Die Rückseite bot auch Platz für Initialien oder Widmungen. Die »Reverso« gehört zu jenen Modeuhren, die nie an Aktualität verlieren werden, wie auch die Santos, die »Tank-Watch« von Cartier (hergestellt für die amerikanischen Offiziere des Ersten Weltkriegs), die Rolex Oyster »Perpetual« und, auf noch höherem Niveau der Uhrmacherkunst, die nur in begrenzter Auflage gefertigten Uhren mit Mondphasenanzeige von Audemars Piguet und Patek Philippe.

Diese wenigen Beispiele, auf die im folgenden noch näher eingegangen wird, demonstrieren bereits, daß die Armbanduhr Mitte der zwanziger Jahre aufhörte, ein Abkömmling oder eine verkleinerte Ausgabe der Taschenuhr zu sein, und ihren eigenen Weg ging, der mit einer langen Reihe technischer Neuerungen gepflastert sein sollte. Man denke nur an die neuartigen Gewinde und an die immer zu-

ROLLS

The watch Rolls is
eternity in a ...
Gratefully
Joan Crawford

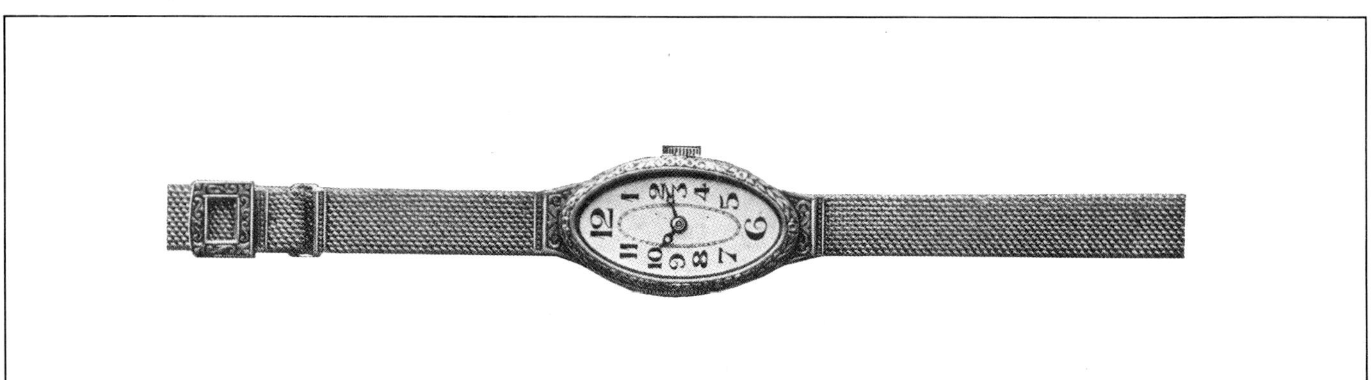

Die berühmte Hollywoodschauspielerin Joan Crawford und die von ihr gelobte Automatikuhr Rolls (links).

verlässigeren, wasserdichten, stoßfesten und automatischen Uhren. Es entstanden neue, oft einzigartige Armbanduhrtypen, um den verschiedensten Bedürfnissen gerecht zu werden: Uhren für den Abend, Uhren fürs Militär, Taucheruhren, Sportuhren, Uhren mit Weckfunktion, ja sogar spezielle Uhren für Ärzte.

Die Form des Gehäuses hing vom Uhrwerk und der Mode ab. Abgesehen von den Damenschmuckbanduhren setzten sich seit den zwanziger Jahren immer mehr die schlichten Formen durch und gewannen praktische Gesichtspunkte gegenüber der Gestaltung und Verzierung zunehmend an Bedeutung. Herrenarmbanduhren waren bis in die vierziger Jahre meist rechteckig; ab Mitte der fünfziger Jahre wurde dann die runde Form bevorzugt. Die äußere Erscheinung blieb jedoch schlicht. Die Gehäuse wurden flacher, die Ziffern häufig durch einfache Strichmarkierungen ersetzt.[13]

Der Armbanduhrenmarkt spiegelte die steigende Zahl von Ideen und Interessen wider. Eines der vielen Ereignisse des Jahres 1929, des Jahres, in dem der Schwarze Freitag in Wall Street den angeblich so leichtlebigen »Goldenen Zwanzigern« ein Ende machte, war die Wende in der Uhrengeschichte: Erstmals wurden weltweit mehr Armbanduhren als Taschenuhren verkauft. Eine Ära fand ihren Abschluß, denn die Armbanduhr, schon eine ganze Weile nicht mehr reines Schmuckstück, verließ die Phase des Experimentierens, um endgültig ihren eigenen Weg zu gehen. Dies galt sowohl für ihre äußere Erscheinung, die durch das Emailzifferblatt und ein neuartiges, wenn auch immer noch von der Taschenuhr beeinflußtes Design geändert wurde, als auch und hauptsächlich für das Innere.

Ob Jugendstil, Art Déco oder Moderne, die Armbanduhr spiegelt die Ästhetik der Epoche, und die schönsten, von Sammlern begehrten Exemplare bleiben buchstäblich »Zeichen der Zeit«.

Das Armbanduhrenfieber

Seit einigen Jahren ist in Italien, Deutschland und Amerika ein Phänomen aufgetaucht, das wir mit »Armbanduhrenfieber« bezeichnen möchten. Außer einem internationalen Kreis von einigen tausend Sammlern, Juwelieren und Uhrenherstellern, die die wertvollen Stücke (und die Modelle mit den größten Zukunftschancen) um die ganze Welt verfolgen, können wir von New York bis Genf und von Südamerika bis Mailand eine wachsende Zahl von Hobbysammlern beobachten, die vielleicht einmal eine alte Armbanduhr getragen haben, dadurch auf den Geschmack gekommen sind und nun erfahrene Sammler, Antiquitätenhändler und spezialisierte Uhrenhändler aufsuchen, um sich sachkundig zu machen. Dieses Phänomen führte allein von 1980 bis heute dazu, daß der Handelswert der klassischen Marken und der gesuchtesten Modelle um das Dreifache stieg. Es sieht ganz so aus, als würde das Armbanduhrenfieber besonders in Italien ähnlich verlaufen wie Ende der sechziger Jahre die Leidenschaft für alte Möbel. Damals wollten plötzlich alle Italiener unbedingt ein altes Möbelstück haben, so daß die Preise der wirklich guten Stücke in die Höhe schossen und selbst zweitklassige antike Möbel nur noch für große Summen zu haben waren. Der Markt wurde zunächst von stark restaurierten Stücken und dann von Fälschungen überflutet. Bei Armbanduhren, die einen eigenen Zweig des

Antiquitätenmarktes bilden, hat die Sammelleidenschaft zum Glück noch nicht ein solches Ausmaß erreicht. Doch zahlreiche Glocken – oder Wecker, um beim Thema zu bleiben – läuten schon Alarm, und es wäre ein Fehler, sie zu überhören.

Wie schon beim Antiquitätenboom, als von London ganze Lastwagenladungen mehr oder weniger antiker Möbel und Gegenstände zu uns herüber kamen, gehörten die Italiener auch bei Armbanduhren zu den eifrigsten Käufern. Der Markt trocknete zunehmend aus, und man kann heute immer weniger damit rechnen, beim Trödler, im Kuriositätenladen in Kightsbridge oder im kleinen jüdischen Schmuckgeschäft in der 47th Street das »Schnäppchen« seines Lebens zu machen.

Heute dürfte Mailand der »größte« Markt für kostbare und gesuchte alte Armbanduhren sein. Doch auch auf dem mittleren und weniger abgegrasten Sektor, der die »Stücke mit Zukunft« bietet, ist das Angebot reichhaltig und geschmackvoll. Zur Zeit gibt es in Mailand mindestens zwanzig erfahrene und zuverlässige Antikuhrenhändler und wenigstens hundert bedeutende Sammler.

Wenn eine Sammelleidenschaft so sehr um sich gegriffen hat, daß beständige internationale Verbindungen hergestellt sind, braucht man kaum noch zu befürchten, daß es sich um eine vorübergehende Mode handelt. Gefahr läuft daher nur, wer übereilt kauft oder sich einen »Tarot« einhandelt, wie man im Jargon teilweise oder ganz gefälschte Uhren nennt. Wer hier, wie übrigens in jedem anderen Bereich des Antiquitätenhandels, nicht bei einem seriösen Fachmann kauft, sondern den Markt ohne den nötigen kulturellen und technischen Hintergrund auf eigene Faust erobern möchte, sei es aus Entdeckerlust oder weil er glaubt, auf diese Weise die besten Geschäfte machen zu können, darf sich nicht wundern, wenn er dabei auf die Nase fällt.

Was für Gründe hat dieser Aufstieg der Armbanduhr an der Sammlerbörse? Es sind sowohl subjektive als auch objektive Gründe. In der Einleitung haben wir die Bedeutung dieser kleinen Instrumente in der Wirtschafts-, Sitten- und Modegeschichte unseres Jahrhunderts dargelegt. Doch man muß die Armbanduhr auch im Licht der Nostalgiewelle sehen. So mag uns ein schöner Chronograph an den eigenen Vater erinnern oder an die frühen fünfziger Jahre, als wir im Radio die Tour de France oder den Giro d'Italia verfolgten und mit Bartali, Bobet, Copi und Robic um den Sieg bangten.

Eine goldene Rolex-Uhr ruft vielleicht Erinnerungen an ein Examen oder eine Verlobung in uns wach, eine ultraflache Piaget die glücklichen Zeiten des Aufschwungs. Und schließlich kann einem Ähnliches widerfahren wie jener römischen Sammlerin, die bei einem Trödler in Hollywood eine viereckige Tiffanyuhr aus dem Jahr 1927 mit einer Widmung Gloria Swansons an einen Freund fand. Die Sammler militärischer Uhren mögen diese mit ihren früheren Eigentümern assoziieren, die vielleicht an heldenhaften Unternehmungen beteiligt waren. Die Armbanduhr verkörpert »Gelebtes« weit mehr als etwa Briefmarken oder andere begehrte Dinge, denn sie hat ihren Eigentümer oft ein Leben lang begleitet, ja, sie wurde vielleicht sogar vom Vater an den Sohn weitergegeben und ist außerdem ein wertvoller, seltener und persönlicher Gegenstand. Sie gehört zu den wenigen Schmuckstücken, die auch Männer öffentlich tragen können, ohne in den Ruch übertriebener Eitelkeit zu geraten.

Sie gibt Auskunft über den Geschmack und die Persönlichkeit ihres Besitzers und verkörpert zugleich Geschmack und Ästhetik der Zeit, in der sie geschaffen wurde. Aus eben diesen Gründen ziehen viele Leute die warme Ausstrahlung alter Uhren der kalten Unpersönlichkeit von Quarzuhren oder japanischen Elektronikuhren mit Computer und Minifernseher vor.

Nach diesen nostalgischen und ästhetischen Aspekten nun die objektiven Gründe. Jeder Fachmann wird Ihnen bestätigen, daß Armbanduhren, wie man sie in diesem Buch oder in den Vitrinen spezialisierter Schmuck- und Uhrenhändler bewundern kann, nicht nur aus Modegründen beliebt sind, sondern auch, weil sie einen absoluten Wert an technischer Perfektion und Seltenheit verkörpern. Eine alte Patek Philippe, eine Vacheron Constantin oder Audemars Piguet »aus der Zeit« kostet Tausende oder Zehntausende von Mark, weil es ein Schmuckstück der Technik oder ein Schmuckstück an sich ist, an dem eine ganze Mannschaft von Uhrmachermeistern Monate oder gar Jahre gearbeitet hat und das nur in einer geringen Auflage gefertigt wurde.

Natürlich ist es ein angenehmer oder snobistischer Kitzel, eine Jugendstil-, Art Déco- oder Fünfziger-Jahre-Uhr zu tragen, wenn der Stil jener Jahre gerade wieder »in« ist. Doch nicht nur Snob-Appeal oder das Diktat der Mode machen gewisse Uhren immer begehrter und kostbarer. Die Nostalgiewelle läßt sich zweifellos auch damit erklären, daß die siebziger und achtziger Jahre nicht in der Lage waren bzw. sind, ästhetische Werte zu schaffen, die aufgrund ihrer Einzigartigkeit oder Schönheit gefühls- oder geschmacksprägend wären. Und noch etwas: Auch die Uhren der Postmoderne genießen bereits Ansehen und werden in Zukunft sicher einmal zu Sammlerstükken, obgleich sie in großer Auflage hergestellt wurden. Wenn eine Single von Elvis Presley aus den fünfziger Jahren, damals zu Hunderttausenden gepreßt, heute einen Marktpreis von 100 oder 200 Dollar hat, warum sollte dann eine Markenuhr aus derselben Zeit nicht 2000 oder 3000 Dollar kosten, wo sie doch bereits bei ihrer Entstehung wegen der ausgefeilten handwerklichen Leistung und der geringen Auflage tausendmal mehr wert war als eine Schellackplatte?

Schließlich ist auch das Verhältnis zwischen einem Menschen und seiner Armbanduhr besonders intim, denn es ist sowohl physisch als auch psychisch. War die Taschenuhr empfänglich für den Wechsel der Jahreszeiten, der Temperaturen und der geographischen Lage, so reagiert die Armbanduhr auf unsere Haut, unser Temperament, unsere Art, uns zu bewegen, und unsere Emotionen. In ihrem Gehäuse »fühlt« sie sowohl unsere Haut als auch unseren Charakter. Je nachdem, ob sie von einem Mann oder einer Frau getragen wird, einem nervösen oder ausgeglichenen Menschen, einem Sportler oder einem Schreibtischarbeiter, sie reagiert unweigerlich mit Abweichungen von einigen Sekunden oder, je nach Qualität, Bruchteilen von Sekunden.

Anzeigen aus den vierziger und fünfziger Jahren.

Die Armbanduhr ist nicht nur Zeuge und Eichmeister der wichtigsten Ereignisse in unserem Leben. Manchmal drückt sie auch Zuneigung aus (ein Verlobungs- oder Hochzeitsgeschenk mit gravierter Inschrift auf dem Gehäuse oder im Gehäuse, wie es früher Mode war und auch heute wieder stark im Kommen ist) oder ist Zeugnis von Anerkennung (ein Preis oder ein Geschenk zur Pensionierung). Schließlich zeugt sie immer vom Geschmack, von der Bildung, dem Lebensstil und dem Schönheitssinn ihres Trägers.

Es gibt Menschen, die ihr Herz an eine ganz bestimmte Uhr gehängt haben und ihr ein Leben lang treu bleiben, was bei uns Sammlern sicherlich nicht der Fall ist, da wir von einem Besitzfieber getrieben werden, das selbst Casanovas Streben nach Frauen übertrifft. Andere hingegen wechseln sie oft und gern, je nach Mode, Laune oder Fortschritt der Technik. Manche legen sie vor dem Schlafengehen ab, andere behalten sie auch nachts um. Schließlich gibt es Menschen, die der Geste, sie vor dem Liebesakt abzulegen, eine tiefere Bedeutung beimessen, es also nicht nur aus Angst davor tun, den Partner zu verletzen (oder, wie könnte es bei einem Sammler anders sein, die Uhr zu zerkratzen). Es ist, als sagte man zu dem geliebten Menschen: Von diesem Moment an steht die Zeit still, jedes Band zur Außenwelt ist zerschnitten, es gibt nur noch dich und mich. Abgesehen von Liebe und Privatleben hat es während der Schicksalsstunden dieses Jahrhunderts immer jemanden gegeben, der mit Herzklopfen seine Armbanduhr befragte, ehe er über das Los Millionen anderer Menschen entschied. Ähnlich wichtig war die Uhr für Sportler und andere Männer, die einen Rekord aufstellen oder brechen wollten. Einige Beispiele mögen dies verdeutlichen: Lindbergh

mit seiner Longines am Handgelenk, allein an Bord des kleinen Flugzeugs, mit dem er den Atlantik überquerte ... Die Stoppuhren, die Jesse Owens fabelhaften Rekord von 10,3 Sekunden beim 100-Meter-Lauf der Olympischen Spiele von 1936 in Berlin registrierten ... General Bradles, der im Morgengrauen des 6. Juni 1944 durch seinen Befehl die berühmte Landung der Alliierten in der Normandie auslöste ... Oberst Paul W. Tibbets' dramatischer Countdown am 6. August 1945 um 9.15 Uhr, bevor er die Atombombe auf Hiroshima ausklinkte ... Und in der jüngeren Geschichte der Moment, als Neil Armstrong, nachdem er seine Omega »Speedmaster Professional« konsultiert hatte, die ersten Schritte auf dem Mond tat, ein Augenblick, der für immer im kollektiven Gedächtnis unserer Zeit haften bleiben wird. Schließlich braucht kaum noch erwähnt zu werden, welche Rolle die Uhr im Verhältnis von Zeit und Raum gespielt hat, man denke nur an die Forschungen und Entdeckungen im Bereich der Schiffahrt. In unserem Zeitalter der Eroberung des Weltalls entscheidet diese Rolle mit über den Erfolg jedes Projekts. Wenn ein Raumschiff sich mit einer Geschwindigkeit von drei Kilometern in der Sekunde bewegt, sind selbst Bruchteile einer Sekunde äußerst wichtig, ob für die Mondlandung oder den Wiedereintritt in die Erdatmosphäre.

Die Quarzrevolution

In der Uhrmacherkunst wie in vielen anderen Bereichen der Technik wurden die wirklich großen und bahnbrechenden Erfindungen in ei ner Zeit gemacht, als man bereits ein Höchstmaß an Vollkommenheit erreicht zu haben glaubte. So war es auch Ende der sechziger Jahre, als die Quarzuhren wie fremde Wesen vom Mars auf dem

Markt auftauchten, obwohl die mechanischen Uhren gerade so schön waren wie noch nie zuvor und einen Grad an Genauigkeit erreicht hatten, der kaum eine Abweichung von wenigen Sekunden täglich zuließ.

Rückblickend muß man sagen, daß die Quarzrevolution die Schweizer Uhrenindustrie an den Rand des Abgrunds brachte. Zwischen 1974 und 1983 sank der Anteil der Schweizer Uhren und Uhrwerke auf dem Weltmarkt von ehemals 30 auf unter zehn Prozent, während Länder wie Japan, Hongkong und die Vereinigten Staaten, die damals bereits über beachtliche Einrichtungen für die Herstellung und den Vertrieb von Elektronik und Computertechnik verfügten, entsprechend aufholten.

Natürlich lag Genf auch weiterhin an der Spitze, was die Feinmechanik und die Fertigung wertvoller Uhren betraf, doch es lief Gefahr, auf lange Sicht von den umsatzmäßig weit bedeutenderen mittleren und unteren Marktschichten verdrängt zu werden. Dank der gründlichen Erneuerung der Technologie und einer rigorosen Umstrukturierung, die zur Verringerung der Betriebe (von 793 im Jahre 1981 auf heute nur noch 634) und der Beschäftigten (von 45885 auf 30789 im selben Zeitraum) führte, ist die Schweizer Uhrenindustrie heute im Begriff, den auf dem Siegeszug der Quarzuhr beruhenden Rückstand wieder aufzuholen. So ist der Exportanteil von Uhren der mittleren und unteren Preisklasse in den letzten beiden Jahren um 13 bzw. 17 Prozent gestiegen. Ein Teil dieses Erfolges ist sicher Ernst Thomke zuzuschreiben, dem führenden Kopf des Markenkonsortiums Asuag-SSIH, zu dem unter anderen Omega, Longines, Tissot, Rado und Hamilton gehören. Die von ihm entworfene Plastikuhr Swatch, die durch ihre Farben und ihr Design einen Trend gesetzt hat und heute wohl die meistgekaufte Quarzuhr der Welt ist, ist so begehrt, daß die Hersteller die Nachfrage nicht mehr befriedigen können. Die Asuag stellt 40 Prozent der Schweizer Uhren her und hat, hinter den japanischen Firmen Seiko und Citizen, weltweit den drittgrößten Umsatz. Auch bei den Luxusuhren, einem Marktsegment, das nur am Rande von dem Krisengewitter gestreift worden war, hat sich die Schweizer Uhrenindustrie behaupten können. Mit Stolz kann sie wieder auf ihre großen Traditionsfirmen (Patek Philippe, Audemars Piguet, Piaget, Vacheron & Constantin, Jaeger-Le Coultre, International Watch Company …) verweisen, die ihr überragendes technisches und ästhetisches Können auf kostbare und exklusive Serien von Quarzuhren auszudehnen wußten. Sogar neue Firmen wie Hublot und Rothschild konnten sich rasch einen Namen machen, indem sie als aristokratische Söhne der Quarzrevolution debütierten. Sie stellen Spitzenprodukte her, die sich bewußt von der asiatischen Massenproduktion abheben und in das Sortiment von Schmuckgeschäften und exklusiven Boutiquen aufgenommen wurden. In der Aristokratie der Schmuckuhren bereits bekannte Firmen wie Cartier, Van Cleef & Arpels und Corum haben einige ihrer Spitzenmodelle mit Quarztriebwerken versehen. Das mag demonstrieren, daß die Quarzuhr heute für alle Marktsegmente bis hin zur Spitze eine nicht mehr wegzudenkende Realität geworden ist, was auch die Zahlen beweisen: 1985 stellten Quarzuhren 75 Prozent des

Diese formschöne Quarzuhr von Ebel, Modell »Discovery«, ist bis zu einer Tauchtiefe von 200 Metern wasserdicht.

gesamten Schweizer Uhrenexports. Wonach soll sich nun aber ein Käufer richten, der zwar kein Sammler ist, aber eine schöne, zuverlässige und genau gehende Uhr erwerben will und sich vor die Wahl zwischen einer Quarzuhr und einer mechanischen Uhr gestellt sieht, die womöglich beide auch noch vom selben Hersteller stammen?

Für uns, die wir Uhren mit Vergangenheit und in jedem Fall mechanische Uhren lieben, gibt es natürlich keinen Zweifel. Wir überlassen das Wort daher den Fachleuten der IWC, die diese Frage in ihrem Katalog sehr diplomatisch beantwortet haben: »Um das System zu wählen, das Ihren Bedürfnissen am besten entspricht, sollten Sie vorab klären, wozu Sie die Uhr brauchen, wann Sie sie tragen werden und nicht zuletzt, was Sie dafür bezahlen wollen. Sollten Sie daraufhin eine Uhr wünschen, die nach den klassischen Prinzipien der Uhrmacherkunst hergestellt wurde, für eine weit überdurchschnittliche Ganggenauigkeit und Lebensdauer bürgt und schließlich auch von erfahrenen Uhrmachern repariert werden kann, so haben Sie allen Grund, sich für eine mechanische Uhr zu entscheiden. Soll Ihre Uhr hingegen eine außergewöhnliche Ganggenauigkeit aufweisen und nur alle drei Jahre ein Auswechseln der Batterie erfordern, können Sie sich ruhig nach einer Quarzuhr umsehen.«

Der Generaldirektor von Patek Philippe, Philippe Stern, den wir an einem Frühlingstag am Genfer See auf dieses Thema ansprachen, sagte: »In unserem Betrieb, der ungefähr 12000 Uhren im Jahr herstellt, ist der Anteil der Quarzuhren in den letzten zwei bis drei Jahren von 20 auf etwa 15 Prozent gesunken. Die meisten unserer Quarzmodelle sind Damenuhren, meist Schmuckuhren. Offensichtlich wünscht sich das Damenpublikum zu den Edelsteinen ein Uhrwerk, das keine Aufmerksamkeit oder gar Pflege erfordert, weil es anders als selbst die besten Automatikuhren nie aufgezogen werden muß. In der großen traditionellen Uhrmacherkunst haben die mechanischen Uhren, besonders die komplizierten Modelle wie die Uhren mit Mondphasenanzeige und die Schlagwerkuhren, wieder an Zahl zugenommen, was darauf schließen läßt, daß die heutige Generation sich nicht nur für Technologie begeistert, sondern auch die Meisterwerke des Designs und der Feinmechanik zu würdigen weiß.«

Die Quarzuhr »L'Open« von Gerald Genta mit Zählvorrichtungen für den Punktestand beim Golfspiel.

Wie diese Aussagen zeigen, kommt es letztlich darauf an, ob man Uhren liebt und ihren Sammelwert zu schätzen weiß oder ob man in ihnen nur die Maschine sieht. Für letzteren Kundenkreis bieten die Japaner mittlerweile – außer »sprechenden« Weckern und Uhren mit eingebauten Mehrfunktionsrechnern – auch Uhren mit Minifernseher an. Für rund 200 Dollar kann man heute in Tokio oder New York eine Seiko-Uhr (die Datagraph RC-4000) mit einem Hochleistungsrechner kaufen, der die Speicherkapazität eines Heim-Computers besitzt und (durch Kabel oder Modem) mit vielen Personal-Computern oder Datenbanken verbunden werden kann. Doch sind dies wirklich noch Uhren? Wir glauben, daß sie ihre eigentliche Aufgabe mittlerweile auf ganz anderen Gebieten erfüllen, nämlich als Fernseher, Computer bzw. elektronisches Spielzeug. Sie können nützlicher sein als bloße Uhren, oder sie können einfach nur als neuartige, amüsante und einfallsreiche Spielzeuge dienen. In ihnen lebt aber nicht das große Mysterium »Zeit«, und sie beschwören nicht den nostalgischen Zauber herauf, den nur die mechanische Uhr uns schenken kann.

Die Tradition lebt weiter

Die mechanische Uhr wird auch weiterhin nach der traditionellen Uhrmacherkunst gefertigt, die von Geschmack und Technik geprägt ist, und solange die Schweizer Uhrmacherkunst besteht, werden auf diese Weise immer neue Meisterstücke entstehen. In den Werkstätten von Genf, Bienne, Schaffhausen, Neuchâtel und La Chaux-de-Fonds arbeiten Handwerker der alten Schule mit neuen Spezialisten in dem beinahe klösterlichen Geist vergangener Zeiten zusammen.

Die Schmuckstücke aus der modernen Produktion mechanischer Uhren haben eine doppelte Beziehung zu denen der Vergangenheit. Zum einen stellt man aus marktstrategischen Gründen Repliken berühmter alter Modelle her, die in einer Zeit der Nostalgiewelle und des Wiederauflebens vergangener Moden mit sicherem Erfolg rechnen dürfen, und sei es nur deshalb, weil die Originale so selten und teuer geworden sind, daß nur ganz wenige sie sich leisten können. Als Beispiele seien hier aufgeführt: die Reverso von Jaeger-Le Coultre, die Tank-Watch von Cartier, Jaeger-Le Coultres rechteckige Uhr mit Mondphasenanzeige, die 1983 in einer beschränkten

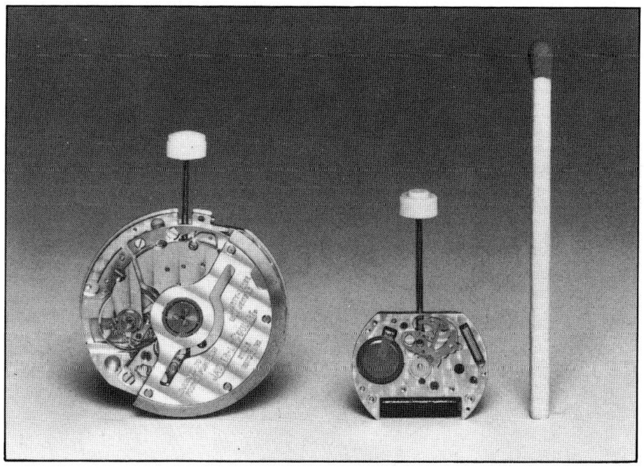

Zwei Uhrwerke von Jaeger-Le Coultre, ein mechanisches mit automatischem Aufzug und eines mit Quarzwerk – beide besonders klein und flach.

Auflage von nur 600 numerierten Exemplaren zur Feier des 150jährigen Bestehens der Firma hergestellt wurde, und schließlich der Chronograph von Eberhard & Co., eine Kopie des ehemals von der königlich-italienischen Marine benutzten Modells. Zum anderen werden auf der Grundlage der traditionellen Uhrmacherkunst neue, einzigartig schöne Uhren im alten Stil gefertigt, die trotz ihres jungen Entstehungsdatums schon heute Sammlerwert haben, so daß wir sie mit Sicherheit auf den großen internationalen Auktionen der nächsten Jahre sehen werden. Auch hier einige Beispiele: die Breguet mit Gangreserveanzeige, eine automatische Uhr mit Mondphasenanzeige und Kalender, die anzeigt, für wie viele Stunden das Werk noch Reserve hat; der Chronograph »Da Vinci« von IWC, der erste Chronograph mit ewigem Kalender (mit Tages-, Wochen-, Monats-, Jahres- und Mondphasenanzeige), der auf 514 Jahre vorprogrammiert ist; die »Perpetual Calendar Automatic« und die »Skeleton Automatic« des seit 1755 berühmten Uhrenherstellers Vacheron & Constantin, zwei wunderschöne Modelle (mit ewigem Kalender) aus Gold oder Platin und dem Ring der Mondphasenanzeige aus Lapislazuli. Und last but not least die numerierten Exemplare der Sammlung Louis Brandt, einer zu Ehren der handwerklichen Tradition von Omega und ihrem Gründer geschaffenen Stiftung, automatische Chronometer mit Datums-, Wochentags-, Monats- und Mondphasenanzeige, bei denen das Uhrwerk durch den transparenten Saphirglasboden von außen sichtbar ist und die vollständig von Hand verziert wurden. Die Aufzugskrone ist mit sieben Brillanten besetzt, und das Armband besteht aus feingeflochtenen Goldbändern. Von Gerald Genta, einem anderen Meisteruhrma-

Die »Beluga«, eine Quarzuhr von Ebel, schlicht, dabei hochelegant.

cher aus Genf, stammt eine ganze Reihe hochkomplizierter Uhren, darunter die Armbanduhr »La grande Sonnerie«, die Stunden, Viertelstunden und Minuten schlägt. Die weltweit für die Herstellung von Marinepräzisionsuhren und Chronometern bekannte Firma Ulysse Nardin fertigt die Armbanduhr »Astrolabio Galileo Galilei«, die erste Armbanduhr der Welt, die außer Uhrzeit und Datum auch Sternzeichen, Azimut, Länge von Tag und Nacht, Mondphasen, Mond- und Sonnenfinsternisse und die Zeitumstellung anzeigt. Die Mechanik dieser Uhr wird durch ein extraflaches automatisches Werk in Bewegung gesetzt und ist von einzigartiger Präzision.

Der Chronograph »Da Vinci« von IWC mit immerwährendem Kalender und beidseitigen Abbildungen des Uhrwerks.

Die Uhr wird in beschränkten und einzeln durchnumerierten Serien von 24 Exemplaren hergestellt. Ebel wartete auf der Basler Messe 1984 mit einer schon heute von Sammlern sehr begehrten Uhr auf, die mit ihren zehn verschiedenen Funktionen zu den differenziertesten Zeitmessern mit ewigem Kalendarium gehört. Drei Zeiger zeigen Stunden, Minuten und Sekunden an, drei weitere Wochentag, Datum und Monat. Durch eine Öffnung im Zifferblatt werden die Mondphasen sichtbar, und drei andere Zeiger zeigen Zehntelsekunden, -minuten und -stunden an. Die Uhr wird nur in Gold hergestellt und ist bis zu einer Tiefe von 30 Metern wasserdicht. Von Blancpain, einer berühmten, seit 1735 in Villeret ansässigen Uhrenmanufaktur (der ältesten der Schweiz), stammen zwei wunderschöne automatische Armbanduhren mit Mondphasenanzeige und Kalender – ein Herren- und ein Damenmodell, die wegen ihres großen Wertes durchnumeriert und katalogisiert worden sind. Auch die ruhmreiche Firma Audemars Piguet, 1875 in Le Brassus im Jouxtal gegründet, hat ihr Spitzenmodell vorzuweisen: die »Quantième Perpétuel« mit dem berühmten achteckigen Design aus der Kollektion Royal Oak, die sich durch ein System von Stellknöpfen auf dem Gehäuse auszeichnet, mit denen die einzelnen Funktionen schnell und komplikationslos korrigiert werden können. Aus dem Haus Chopard, das besonders bei Sammlern mit einer Vorliebe für Uhren mit ewigem Kalendarium ein Begriff ist, stammt das elegante Modell »Luna d'oro«, das bis zum Jahre 2100 vorprogrammiert ist. Zum Schluß sei noch auf das jüngste Meisterwerk von Patek Philippe hingewiesen, eine extraflache »Complication«, bei der alle Funktionen durch einen einzigen Stellknopf auf dem Gehäuse eingestellt werden können. Es sei hier noch vermerkt, daß sich die Mondphasen jährlich nur minimal, um 2 Minuten und 47 Sekunden verschieben, so daß 122 Jahre und 45 Tage vergehen müssen, bevor der Eigentümer den Kalender seiner Uhr um einen Tag weiterstellen muß.

Wie wir aus diesen wenigen, ausgewählten Beispielen ersehen, lebt die traditionelle Uhrmacherkunst zur Freude der Sammler von heute und der Liebhaber von morgen weiter. In der idealen Galerie der Zeitmesser ist die Parade der Meisterstücke ohne Ende.

Wie eine Uhr funktioniert

Um die technische Entwicklung der Armbanduhr besser zu verstehen, dürfte es zweckmäßig sein, mit einer kurzen Beschreibung eines Uhrwerks zu beginnen. Dessen Hauptbestandteile sind: die Feder, das Räderwerk, die Hemmung, Regulierung, Aufzugsmechanismus und die Anzeige (Zifferblatt, Zeiger usw.).

Die Antriebskraft liefert eine Feder (die früher aus Stahl bestand, heute aber aus verschiedenen Legierungen hergestellt wird). Diese fest aufgerollte Feder befindet sich in einem zylindrischen Federhaus, das mit dem Aufzugsmechanismus verbunden ist. Der Aufzug kann mechanisch mit der Krone oder aber über einen Rotor (Automatikuhren) automatisch erfolgen. Die Räder übertragen die motorische Kraft der Feder auf die Hemmung, die diese Kraft um mehr als das 4000fache reduziert. Die Hemmung wird auch als Verteilungsmechanismus bezeichnet, weil sie Energie einteilt und nach und nach in regelmäßigen Abständen abgibt. (Ohne Hemmung würde die Feder einer Uhr so schnell ablaufen wie der Aufzug eines mechanischen Spielzeugs.) Die Hemmung wandelt die motorische Energie der Feder in eine intermittierende Bewegung um, die den regelmäßigen Lauf der Zeiger gewährleistet. Außerdem liefert die Hemmung die Energie für das Regulierorgan, und zwar mit Hilfe des Ankers, der das Hemmungsrad in gleichmäßigen Abständen anhält und weiterlaufen läßt. Die Bewegungen des Ankers wiederum werden von der Unruh, das heißt, dem Regulierorgan, gesteuert, die wie das Pendel einer Wanduhr wirkt. Sobald der Anker seinen ersten Impuls vom Hemmungsrad erhält, gibt er ihn an die Unruh weiter, die sich nun zu bewegen beginnt. Nach einer Schwingung kehrt sie durch die Rückzugskraft der Spiralfeder zum Anker zurück. Der Anker schwingt in die Ausgangsposition zurück und gibt das Hemmungsrad frei. Diese Vorgänge steuern die Bewegung der Zeiger.

Sobald der außerordentlich kurze Impuls (etwa eine siebentausendstel Sekunde), den die Unruh vom Anker erhält, vorbei ist, bleibt das Hemmungsrad etwa zwei Zehntelsekunden stehen und verhindert so, daß die motorische Kraft der Antriebsfeder zu schnell verbraucht wird. In Armbanduhren schwingt die Unruh normalerweise fünfmal in der Sekunde (eine Schwingungsperiode umfaßt zwei Halbschwingungen), also 300mal in der Minute. Das Hemmungsrad dreht sich zehnmal in der Minute. Durch ein System von Zahnrädern wird diese Umdrehungsgeschwindigkeit vermindert, so daß sich das Sekundenrad nur einmal in der Minute und das Minutenrad nur einmal in der Stunde drehen. Ein weiteres Zahnradsystem verbindet die Welle des Minutenrads mit dem Stundenrad.

Die Unruh schwingt also 18000mal in der Stunde. Bei einigen modernen Uhren kann die Schwingungszahl aber auch 36000 erreichen, was eine erhöhte Genauigkeit bewirkt. Das vertraute Ticken der Uhr ist das Geräusch der Unruhschwingungen und der intermittierenden Bewegungen des Ankers und des Ankerrads.

Kaliber

Mit diesem Begriff wird die Art des Werks in der Uhr bezeichnet. Das Größenmaß für ein Uhrwerk ist die »Linie«, ein altes französisches Maß, das 2,2558 Millimetern entspricht. Ein rundes Kaliber, die am häufigsten verwendete Form, von 10 1/2 Linien hat also einen Durchmesser von 23,7 Millimetern. Andere Werkformen werden als Formkaliber bezeichnet: sie können oval, rechteckig, tonnenförmig usw. sein. Ende der sechziger Jahre produzierten die Schweizer Uhrenhersteller etwa 600 verschiedene Kaliber. Uhrwerke unterscheiden sich aber nicht nur durch die Form, sondern auch in der unterschiedlichen Anordnung der beweglichen Teile. Diese Teile können jeweils auf einer Brücke befestigt sein, was eine ziemlich komplizierte und teure technische Lösung ist, aber die Reparatur der Uhr erleichtert. Bei anderen Uhren sind alle Teile des Werks, mit Ausnahme des Ankers und der Unruh, auf einer einzigen Brücke montiert, die manchmal auch als Platine bezeichnet wird und einen großen Teil des Werks abdeckt.

Unruh und Spiralfeder

Die Ganggenauigkeit einer Uhr hängt teilweise von der Qualität des Werks ab, überwiegend jedoch von der regelmäßigen Arbeitsweise der Unruh und der Spiralfeder. Je höher der Isochronismus der Unruhschwingungen, desto größer die Ganggenauigkeit. Ein perfekter Isochronismus, das heißt, eine stets absolut gleiche Schwingungsdauer, unabhängig von der Schwingungsweite, läßt sich aus einer Reihe von Gründen nur sehr schwer erzielen. Zu diesen Gründen gehören Schwankungen des Luftdrucks und der Temperatur, Lage der Uhr, Stöße, Magnetfelder, Zentrifugalkräfte, Reibung, Bewegung der Triebe und der Räder, falsche Auswuchtung usw.

Druckveränderungen, also Veränderungen der Luftdichte, können den Lauf der Unruh im Verhältnis zu ihrer Form und Masse beträchtlich verändern. Bei kleineren Unruhen sind solche Veränderungen besonders merklich. Steigt beispielsweise der Luftdruck, so wird für eine Schwingung mehr Zeit benötigt, und die Uhr läuft langsamer. Wenn das Barometer fällt, geschieht genau das Gegenteil. Temperaturschwankungen beeinflussen insbesondere die Elastizität der Stahl-Spiralfeder und damit auch die Schwingungen der Unruh. Um dem Problem der Temperaturschwankungen zu begegnen, stellte man zunächst bimetallische Kompensationsunruhen her, die außen aus Messing und innen aus Stahl bestanden. Diese Unruhen waren in zwei Halbkreise geschnitten, die sich bei steigender Temperatur ausdehnen konnten, wodurch sich das Trägheitsmoment der Unruh veränderte, was den Temperatureinfluß auf die stählerne Spiralfeder kompensierte.

Eine wunderschöne »hochkomplizierte« Uhr von Gerald Genta mit ziseliertem Skelett-Uhrwerk, ewigem Kalendarium und Minutenrepetition.

Ein gewaltiger Fortschritt auf dem Wege zu einer erhöhten Ganggenauigkeit war die Einführung der bimetallischen Integralunruh, die aus Messing und »Anibal« (einer Legierung aus Stahl und Nikkel) bestand und Anfang des 20. Jahrhunderts von dem Nobelpreisträger Charles Edouard Guillaume erfunden wurde. Dank dieser Erfindung konnte der sekundäre Kompensationsfehler (der Unterschied zwischen dem täglichen Gang einer Uhr bei mittlerer Temperatur und dem Durchschnitt der Gänge bei Extremtemperaturen) auf ein Zehntel des früheren Umfangs reduziert werden, als noch die sehr empfindlichen Stahl-Spiralfedern verwendet wurden. Diese Neuerung fand in zahlreichen Chronometern, Schiffsuhren und Taschenuhren Verwendung, wegen ihrer hohen Kosten jedoch kaum in Armbanduhren. Dieses Buch stellt einen der sehr wenigen Armbandchronometer vor, der mit einer solchen Unruh ausgestattet ist.

Das Problem des Ausgleichs von Temperaturschwankungen wurde dadurch gelöst, daß man diese Aufgabe nicht mehr der Unruh, sondern der Spiralfeder selbst übertrug. Paul und Guillaume Perret entwickelten 1919 eine Nickel-Stahllegierung, der sie noch Chrom und Wolfram hinzufügten. Sie gaben dieser Legierung den aus den Worten elastisch und invariabel gebildeten Namen »Elinvar«. Spiralfedern aus dieser Legierung (zu der später andere Legierungen wie Metelinar, Novarox, Nivaflex, Isoval oder Durinval kamen) veränderten ihre Elastizität nicht einmal in einem Temperaturbereich von minus 10 bis plus 30 Grad Celsius. Da sie selbstkompensierend waren, machten sie die teuren und empfindlichen selbstkompensierenden bimetallischen Unruhen überflüssig. Aber auch dieses Ele-

Automatischer Chronograph von Ebel mit ewigem Kalendarium und Mondphasenanzeige.

ment wurde noch verbessert, und Mitte der dreißiger Jahre besaßen bereits viele Uhren eine selbstkompensierende Spiralfeder und eine einmetallische Glucydur-Unruh, die aus einer sehr elastischen, rostfreien und antimagnetischen Bronze-Berylliumlegierung bestand. Zuvor waren alle einmetallischen Unruhen aus Messing oder aus einer Legierung aus Kupfer, Zink und Nickel. Der Firma Patek Philippe gelang in den fünfziger Jahren mit der »Gyromax«-Unruh schließlich noch ein weiterer Schritt nach vorn. Bei dieser Unruh wurden sogar auch die winzigen Regulierschrauben auf dem Unruhrand überflüssig.

Spiralfedern unterscheiden sich nicht nur durch die verwendete Legierung, sondern zuweilen auch durch ihre Form. Man unterscheidet insbesondere zwei übliche Formen, nämlich die moderne flache Spiralfeder und die Breguet-Spiralfeder, deren Durchmesser gewöhnlich halb so groß ist wie der der Unruh. Bei der Breguet-Spi-

Die »Speedmaster« von Omega. Eine solche Uhr trug Neil Armstrong, als er den Mond betrat.

ralfeder ist die Endwindung angehoben, um die konzentrische Entwicklung der Spiralfeder zu erreichen. Auf diese Weise gelang es dem großen Uhrmacher, das Problem der flachen Spiralfedern zu lösen, die sich beim Ausdehnen und Zusammenziehen exzentrisch entwickeln.

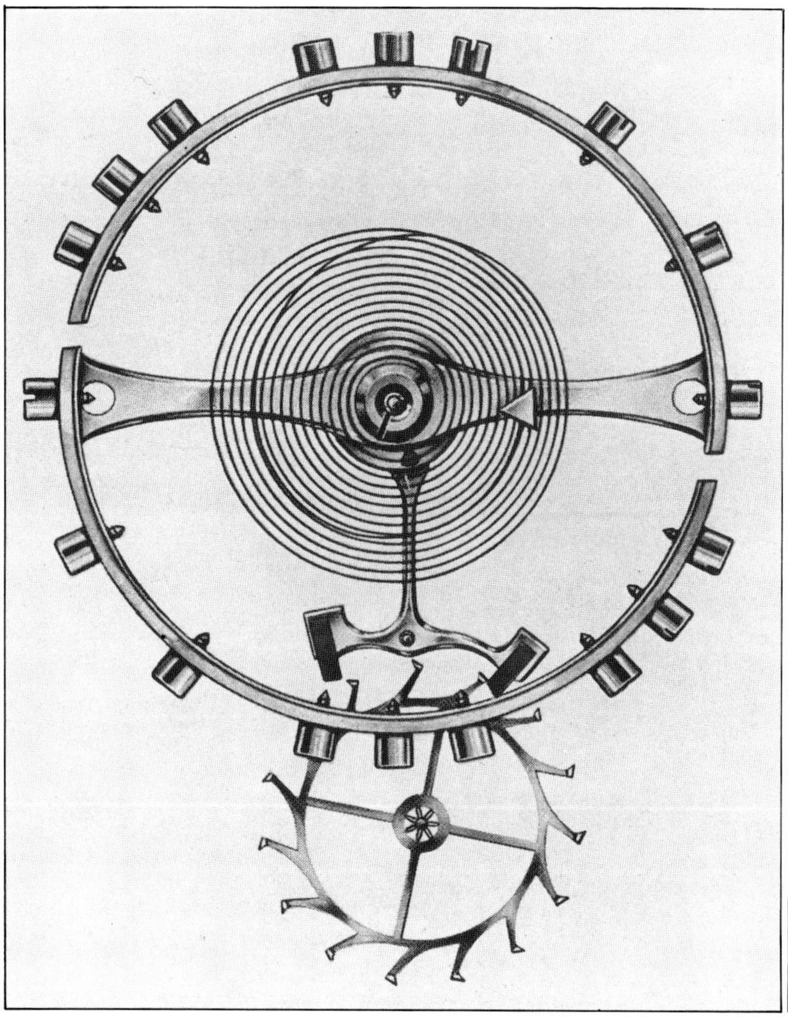

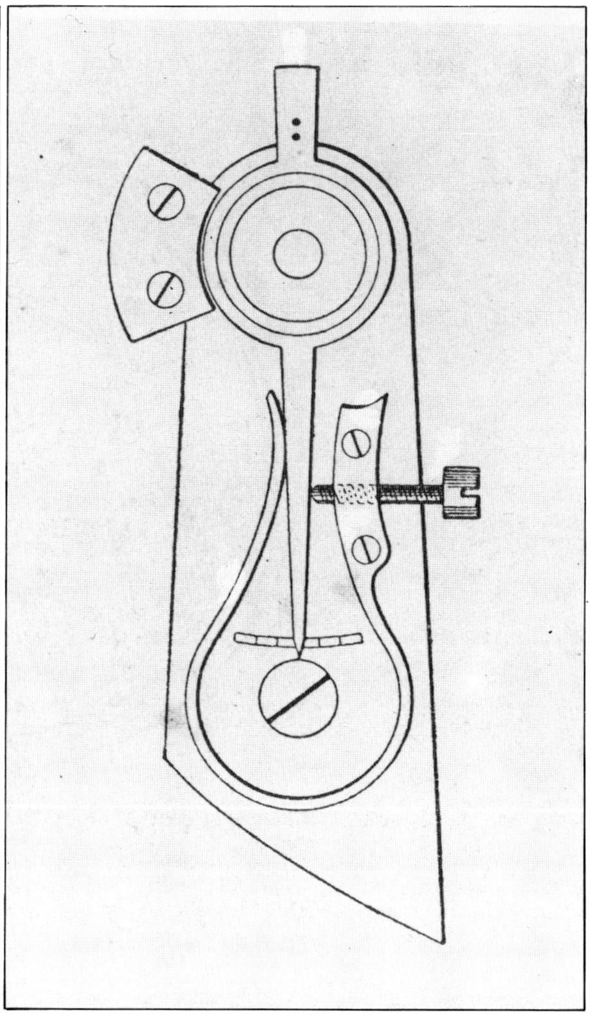

Die Regulierung der Unruh

Wie bereits erläutert, regulieren die Schwingungen der Unruh den Gang der Uhr. Um zu gewährleisten, daß sie isochron sind, muß das Regulierorgan genau ausgewuchtet sein. Zu diesem Zweck sind auf dem Ring der Unruh winzige Schrauben angebracht, die ähnlich den Gewichten an der Felge eines Autos verteilt werden können. Durch Feineinstellung der Schrauben kann der durch Temperaturschwankungen verursachte Elastizitätsverlust der Spiralfeder ausgeglichen werden. Werden die Schrauben näher an die Einschnitte der Unruh gerückt, so bewegt sie sich schneller, wenn die Temperaturen höher sind, und bei niedrigeren Temperaturen langsamer. Die entgegengesetzte Wirkung wird erzielt, wenn die Schrauben weiter von den Einschnitten entfernt werden. Außerdem sind auf dem Ring noch längere Schrauben angebracht, mit deren Hilfe die durchschnittliche Gangabweichung korrigiert werden kann.

Die Regulierung der Spiralfeder

Der Schwingungsspielraum der Unruh, der üblicherweise 1 1/2 bis 1 3/4 Umdrehungen beträgt, wird von der Länge der Spiralfeder bestimmt. Verkürzt man die Spiralfeder, geht die Uhr schneller; verlängert man sie, geht die Uhr langsamer. Um den täglichen Gang der

Links: Ankerhemmung: Unruh, Spirale, Anker und Hemmungsgrad. Beachten Sie die winzigen Schrauben auf der eingeschnittenen Bimetallunruh für die Feinjustierung.
Rechts: Die Schwanenhalsfeder mit der Mikrometerschraube zur Regulierung der Spirale.

Uhr ändern zu können, ist die Unruhbrücke mit einem Rücker versehen. Der Rücker besteht aus zwei Armen, von denen einer mit der Spiralfeder verbunden ist und deren Länge und damit auch die Zahl der Schwingungen verändern kann. Bei den meisten Uhren kann der Rücker entlang einer Skala verschoben werden, die die Angaben F und S (Fast – Slow) oder A und R (Avance – Retard) trägt. Bei teureren Uhren erfolgt die Regulierung mit Hilfe einer winzigen Schraube oder Nocke, über die der Rücker so exakt verstellt werden kann, daß selbst eine Gangänderung von nur wenigen Sekunden pro Tag möglich ist. Dieses System wird als Mikrometer- oder Feinregulierung bezeichnet.

Die Bedeutung der Feinregulierung oder Mikrometerregulierung wird ersichtlich, wenn man bedenkt, daß eine Veränderung der Länge der Spiralfeder um nur 0,05 mm einer Gangabweichung der Uhr von 15 Sekunden am Tag entspricht. Die üblichste Mikrometerregulierung ist die sogenannte »Schwanenhals«-Feinregulierung.

Stoßsicherungen

Die Welle der Unruh ist der empfindlichste Teil einer Uhr, und Abraham Louis Breguet war der erste Uhrmacher, der eine Stoßsicherung entwickelte, den berühmten »parachute«. Mit wachsender Beliebtheit der Armbanduhr bei Sportlern und beim Militär mußten bereits um 1915 Vorrichtungen entwickelt werden, die wesentlich heftigere Stöße absorbieren konnten. Das grundlegende Problem bestand darin, die Unruh zu befestigen, ohne ihren Schwingungsspielraum wesentlich zu vermindern. Das gelang in den dreißiger Jahren, den goldenen Jahren der Armbanduhr, als einer der größten Fortschritte im Uhrenbau erzielt wurde. Nachdem schon zuvor einige Verbesserungen vorgenommen worden waren, die sich nicht als endgültige Lösungen erwiesen – fixierte Unruh mit winzigen Schrauben oder flexiblen Armen –, wurden neue Systeme entwickelt, die sowohl Axial- als auch seitliche Stöße auffangen konnten.

Zum Dämpfen von Axialstößen dient der Lagerstein, der den Zapfen (das heißt, das Ende der Unruhwelle) trägt und sich bei einem Axialstoß hebt, um gleich darauf jedoch wieder in seine ursprüngliche Position zurückzukehren. Zum Dämpfen anderer Stöße kann sich der Stein auf einer Unterlage mit kegelförmiger Basis seitlich verschieben.

Von allen Stoßsicherungen (Supershock, Shock-Absorber, Kif, Supershock-Resist usw.) wird wohl das System Incabloc, das Anfang der dreißiger Jahre patentiert und später perfektioniert wurde, am häufigsten verwendet. Ob eine Uhr mit einer Stoßsicherung versehen ist, kann man mühelos an dem Lagerstein auf der Unruhbrücke erkennen. Befindet sich um diesen Stein eine kleine Stahlfeder, so ist die Uhr stoßgesichert. Das Incabloc-System erkennt man daran, daß diese Feder die Form einer Lyra hat.

Stoßsicherungen sind in erster Linie ein Schutz gegen Abnutzung. Ehe sie entwickelt wurden, konnte die Unruhwelle durch geringe Stöße beschädigt werden, ohne daß allerdings der Gang der Uhr wesentlich beeinträchtigt wurde. Im Lauf der Zeit jedoch nutzte sich die Unruh übermäßig ab, und schließlich mußten verschiedene Teile durch neue ersetzt werden.

Steine

Jahrhundertelang rotierten die Zapfen der Räder, der Hemmung und der Unruh in Vertiefungen, die in die Messingplatten oder -brücken des Werks gebohrt waren. Zu Beginn des 18. Jahrhunderts führte Nicolas Fatio de Duillier aus Genf eine umwälzende Neuerung ein, indem er kleine Rubine durchbohrte und überall dort als Lager verwendete, wo die Zapfen beansprucht wurden. Fast ein Jahrhundert lang blieb diese Erfindung ein von den Engländern eifersüchtig gehütetes »Berufsgeheimnis«, bis Breguet erkannte, daß das neue System die Ganggenauigkeit und Lebensdauer der Uhr beträchtlich erhöhen würde. Deshalb führte er durchbohrte Rubine aus England ein, um sie in seine Uhren zu montieren. Um den Grad der Perfektion dieser Rubine oder synthetischer Rubine zu verstehen, braucht man sich nur zu vergegenwärtigen, daß die zur Aufnahme der Zapfen bestimmten Bohrungen nur einen Durchmesser von wenigen hundertsteln Millimetern haben. Eine große Anzahl von Steinen (durchschnittlich 15 bis 17) weisen zweifellos auf eine gewisse Sorgfalt bei der Konstruktion und Herstellung der Uhr hin, doch sind sie allein noch kein ausreichendes Indiz für die Qualität einer Uhr.

Die automatische Uhr

Ebenso wie sich die Alchimisten im Mittelalter bemühten, den Stein der Weisen zu finden, waren Generationen von Erfindern und Uhrmachern von der Idee des Perpetuum mobile, der unaufhörlichen

Zwei ausgefallene Armbanduhren, ganz von Hand gefertigt von dem Vater-und-Sohn-Team Dino und Roberto Falcone, zwei Mailänder Uhrenhersteller. (Fotos Bortolotti)

Seltene Armbanduhr mit Minutenrepetition und Platingehäuse von Patek Philippe, zwanziger Jahre.

Bewegung, fasziniert. In der zweiten Hälfte des 18. Jahrhunderts baute Abraham Louis Breguet eine automatische Taschenuhr. Bis zum Ende des Jahrhunderts hatte Breguet bereits mehrere Uhren gebaut, die sich mit Hilfe einer Schwungmasse selbsttätig aufzogen. Die Schwungmasse bestand aus einem herzförmigen horizontalen Pendel, das die Feder aufzog, wenn die Uhr bewegt wurde. Aber es vergingen noch viele Jahre, ehe diese Neuerung auch bei Armbanduhren verwendet werden konnte.

Nahezu alle Fachleute sind sich darüber einig, daß der Pionier der modernen automatischen Armbanduhr John Harwood war. Zu Beginn der zwanziger Jahre ließ er ein System patentieren, bei dem die Zugfeder mit einer Schwungmasse verbunden war. Ein Kreissegment wurde bis zur Mitte der Uhr geschwungen und bewegte sich mit jeder Bewegung des Handgelenks im Uhrzeigersinn oder entgegen dem Uhrzeigersinn. An jedem Ende der Schwungmasse dämpften zwei kleine Federn die Stöße. Harwoods automatisches Aufzugssystem wurde von der Schweizer Firma Blancpain perfektioniert, die 1926 damit begann, das verbesserte neue System in kleinen Serien herzustellen. Das komplizierte und empfindliche Harwood-System wurde jedoch bald aufgegeben, und zu Beginn der dreißiger Jahre entwickelte man andere automatische Selbstaufzüge. Bei der »Rolls« (einem weiteren Uhrenmodell der Firma Blancpain, das seinen Namen der Ähnlichkeit zwischen der Form seines Werks und dem Kühlergrill eines Rolls-Royce verdankte) und der »Wig-Wag« erfolgte der Aufzug durch die Schwingung des gesamten Werks innerhalb des Gehäuses. Bei der »Perpetual« ähnelte die Schwungmasse einem Pendel. Bei der »Autorist« und der »Wyler« jedoch waren die beweglichen Teile der Uhr durch ein Hebelsystem mit der Zugfeder verbunden, so daß mit jeder Veränderung des Handgelenks sich Energie auf den Mechanismus übertrug. Vervollkommnet wurde der automatische Aufzug von der Firma Rolex, die 1931 ein Modell mit einem wasserdichten Gehäuse herausbrachte und der automatischen Armbanduhr damit zum Durchbruch verhalf. Bei diesen Uhren erfolgte der Aufzug durch eine Schwingmasse oder ein Schwungrad, das sich (wie beim Harwood-System) entweder im Uhrzeigersinn oder entgegengesetzt dem Uhrzeigersinn bis zur Mitte des Werks drehen konnte. Der Nachteil war jedoch, daß die Drehbewegung stets nur in der einen oder anderen Richtung möglich war. Erst zehn Jahre später erfand man einen automatischen Aufzug mit einem Schwungrad, das sich in beide Richtungen bewegen konnte. In den fünfziger Jahren wurden die Werke immer flacher, und erst jetzt begann der eigentliche Siegeszug der automatischen Armbanduhr. Einige Uhrenhersteller begannen, Schwungräder aus Gold oder Platin zu verwenden. Diese beiden Metalle haben ein besonders hohes spezifisches Gewicht, so daß die Uhren immer kleiner werden konnten, weil auch ein kleineres Schwungrad seine Aufzugsfunktion voll erfüllt, wenn es aus einem sehr schweren Metall besteht. Andere Firmen entwickelten bei ihren Bemühungen um die Gunst der Käufer Modelle mit einem Fenster (Gangreserve-Anzeige) im Zifferblatt, so daß man feststellen konnte, welche Gangreserve noch vorhanden war. Auf diese Weise brauchte der Träger einer solchen Uhr

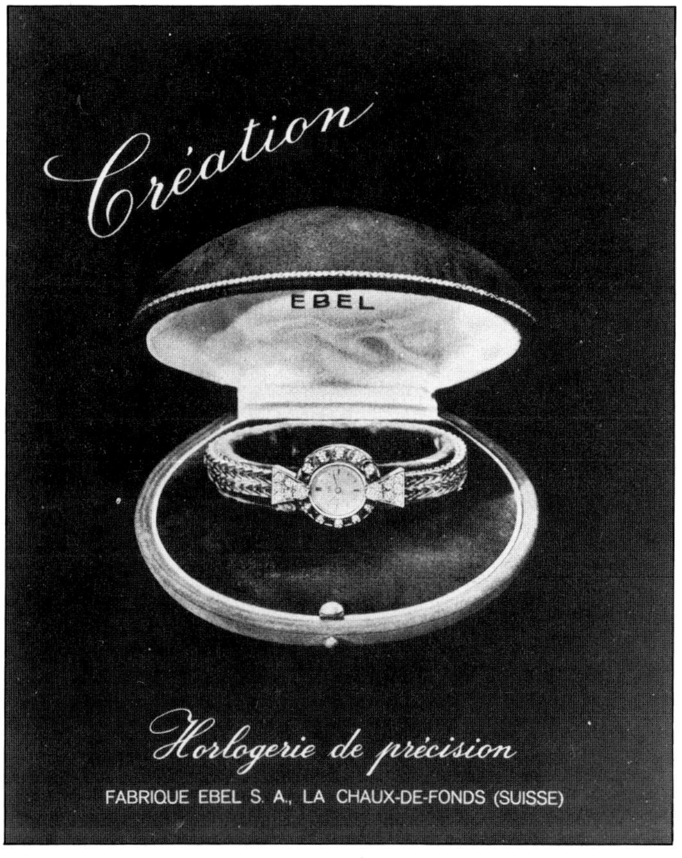

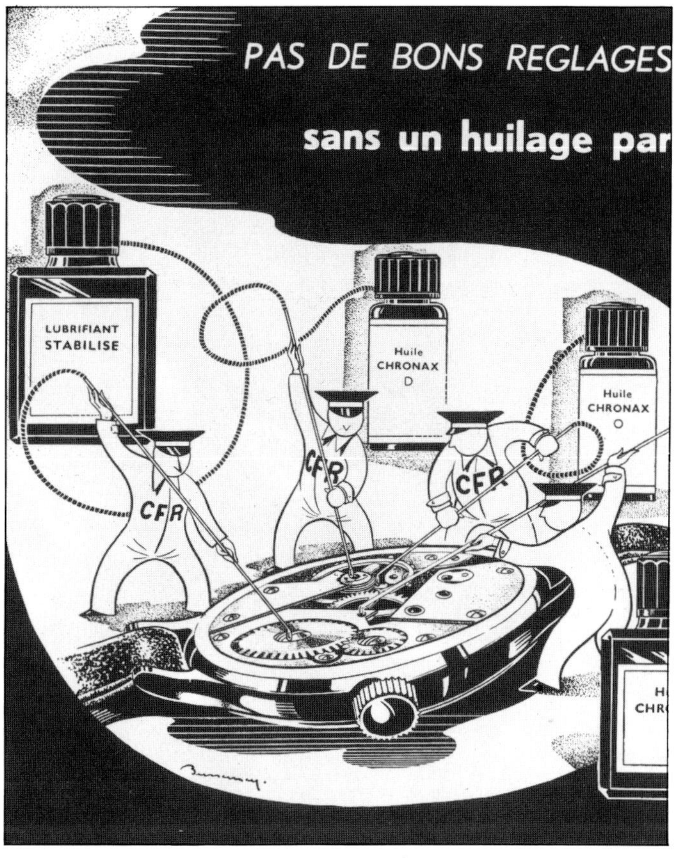

Zwei Anzeigen aus den vierziger Jahren.

nie zu befürchten, daß seine Uhr unerwartet stehenbleiben könnte. Besonderer Beliebtheit erfreuten sich auch die Achttage-Uhren, die wegen ihrer besonders großen Federn nur einmal in der Woche aufgezogen werden mußten.

Bei den automatischen Uhren der fünfziger Jahre wurden zum Aufziehen des Werks zwei Arten von Schwungrädern verwendet. Die erste und üblichere Sorte bewegte sich in beide Richtungen. Die zweite, das sogenannte Hammerschwungrad, schwang um mehrere Grad herum und wurde dann von zwei kleinen Federn gestoppt. Mit Hilfe von sehr kleinen Mikroschwungrädern, die sich nicht mehr über den ganzen Mechanismus drehen, sondern darin untergebracht sind, sind automatische Aufzüge möglich, die nur noch knapp zwei Millimeter messen.

Chronometer

Mit diesem Begriff, der aus den griechischen Wörtern *chronos* (Zeit) und *metrum* (Maß) gebildet wurde, wird theoretisch jedes Zeitmeßgerät, wie zum Beispiel eine Uhr, bezeichnet. In der Praxis jedoch ist ein Chronometer eine außergewöhnlich ganggenaue Uhr mit einem hervorragenden Werk. Der erste, der diesen Ausdruck verwendete, war der englische Uhrmacher George Graham. Schon Ende des 18. Jahrhunderts fanden Wettbewerbe statt, bei denen mit Hilfe empirischer Prüfungen festgestellt wurde, welche Uhr die beste war. Von der zweiten Hälfte des 19. Jahrhunderts an wurden die Prüfungen vereinheitlicht, und die Wettbewerbe fanden einmal im Jahr statt. Sie waren für die Uhrenhersteller oft sehr werbewirksam, aber der Schweizer Bundesrat machte ihnen in den späten sechziger Jahren dieses Jahrhunderts ein Ende. Bereits zuvor jedoch hatte Bulova 1960 seine Stimmgabeluhr entwickelt, und die ersten Quarzwerke, die noch viel präziser sind als selbst die ganggenauesten mechanischen Uhren, waren auf den Markt gekommen.

Um zu verhindern, daß Käufer fälschlicherweise als Chronometer

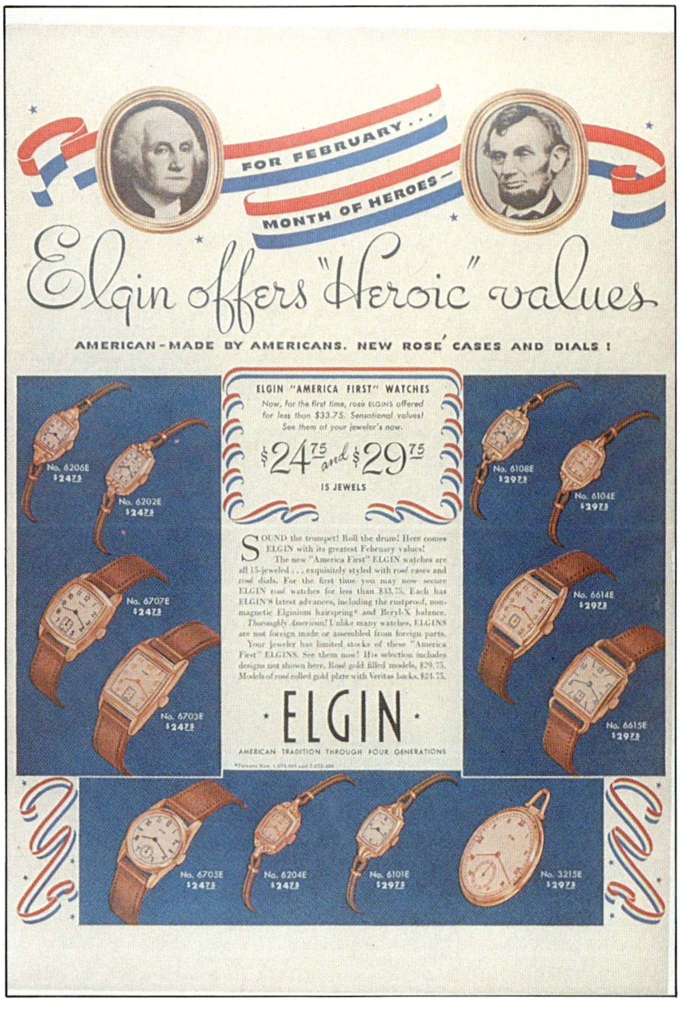

Anzeigen aus den vierziger und fünfziger Jahren.

bezeichnete Uhren erwarben, definierte die Vereinigung Schweizerischer Uhrenfabrikantenverbände im Jahr 1936 den Begriff Chronometer wie folgt: »Ein Chronometer ist eine in verschiedenen Positionen und bei verschiedenen Temperaturen geregelte Präzisionsuhr, die eine amtliche Bescheinigung über ihre Ganggenauigkeit erhalten kann.« Diese Bescheinigung wurde von den offiziellen Schweizer Uhren-Gangkontroll-Stellen erteilt, die 1905 in La Chaux-de-Fonds, Le Locle, Biel, Saint-Imier und Le Sentier errichtet wurden, aber auch von den Observatorien in Genf und Neuenburg und sogar von den Uhrenherstellern selbst. Im letzteren Fall jedoch behielten sich die amtlichen Stellen das Recht vor, Uhren zu jedem beliebigen Zeitpunkt zu überprüfen, um festzustellen, ob sie tatsächlich den Normen entsprachen. Seit 1951 ist der Begriff Chronometer von der Vereinigung Schweizerischer Uhrenfabrikantenverbände wie folgt definiert: »Eine in mehreren Positionen geregelte Präzisionsuhr, die einen offiziellen Gangschein erhalten hat.« Seit vielen Jahren muß daher jeder Schweizer Chronometer zunächst einer Gangprüfung durch das Observatorium in Genf und Neuenburg oder eine der amtlichen Uhren-Gangkontroll-Stellen unterzogen

werden, ehe sie als Chronometer bezeichnet werden darf. Da uns hier in erster Linie alte Uhren interessieren, sei eingehender dargestellt, welche Prüfungen in den vierziger Jahren durchgeführt wurden. Die Uhren wurden 15 Tage lang (Achttagewerk-Uhren sogar 22 Tage lang) in fünf verschiedenen Positionen (Zifferblatt nach oben, Zifferblatt nach unten, Aufzugskrone nach links, nach oben und nach unten), die den Bewegungen des Handgelenks entsprachen, sowie bei drei verschiedenen Temperaturen (2, 18 und 32 Grad Celsius) beobachtet. Um eine Bescheinigung über hervorragende Qualität zu erhalten, mußten sie die folgenden Werte erreichen:

Mittlerer täglicher Gang in den fünf Positionen (mittlere Gangabweichung): 0 bis 15 Sekunden.

Mittlere Abweichung des täglichen Gangs in den fünf Positionen: 4 Sekunden.

Maximale Abweichung zwischen zwei aufeinanderfolgenden täglichen Gängen in der gleichen Position: 8 Sekunden.

Maximale Abweichung zwischen dem mittleren täglichen Gang und dem täglichen Gang in den fünf Positionen: 16 Sekunden.

Temperaturbedingte Abweichungen: 0,8 Sekunden je Grad Celsius.

Wiederaufnahme des Ganges (Unterschied zwischen dem letzten täglichen Gang und dem Mittel der beiden ersten): 8 Sekunden.

Durch Beobachtung der verschiedenen Gänge der Uhr in horizontaler oder vertikaler Lage kann der Isochronismus der Unruhschwingungen ermittelt werden, während die maximale Abweichung zwischen dem täglichen Gang und dem Gang in den verschiedenen La-

Links: Das Modell »Harwood«, die erste automatische Armbanduhr (von Blancpain).
Rechts: Uhrwerk von Patek Philippe mit peripherer Schwingmasse.

gen sowie die Wiederaufnahme des Gangs dazu dienen, die Auswuchtung der Unruh und der Spiralfeder zu prüfen. Alles dies erklärt, warum zahlreiche Chronometer, vor allem die Chronometer der Firma Rolex, die Bezeichnung »amtlich geprüfter Chronometer« tragen. Für sie liegt eine amtliche Bescheinigung über ihre Ganggenauigkeit vor.

Chronographen

Chronographen sind »komplizierte« Uhren mit einem zusätzlichen Mechanismus. Neben der normalen Zeitmessung kann ein Chronograph Zeitabstände, üblicherweise von einer Fünftelsekunde bis zu zwölf Stunden, messen. Die abgelaufene Zeit wird auf zusätzlichen Zifferblättern registriert, deren Zeiger vom Beginn des Messungsvorgangs an jede Minute oder jede Stunde weiterrücken. Bis zu den dreißiger Jahren wurden alle Chronographenfunktionen (Starten des Chronographenzeigers, Anhalten und auf Null zurückstellen) mit einem einzigen Drücker kontrolliert. Bei einigen Modellen diente die Aufzugskrone gleichzeitig als Drücker, manchmal befand sich der Drücker in der Krone. Moderne Chronographen haben heute fast immer zwei Drücker. Der erste Chronograph wurde 1720 von Graham für die britische Marine gebaut, der erste Doppelchronograph 1831 von Winnerl in Paris. Natürlich war keines dieser Modelle eine Armbanduhr. Chronographen werden für vielfältige Zwecke eingesetzt (in der Technik, der Wissenschaft, der Industrie, der Medizin, der Seeschiffahrt usw.). Der Verwendungszweck bestimmt die Aufteilung des Zifferblatts und den Lauf der Zeiger.

Minutenchronograph: Dieser Zeitmesser verfügt normalerweise

Ein Gangschein für die Ganggenauigkeit und die fünf Lagen der Feinregulierung einer Uhr.

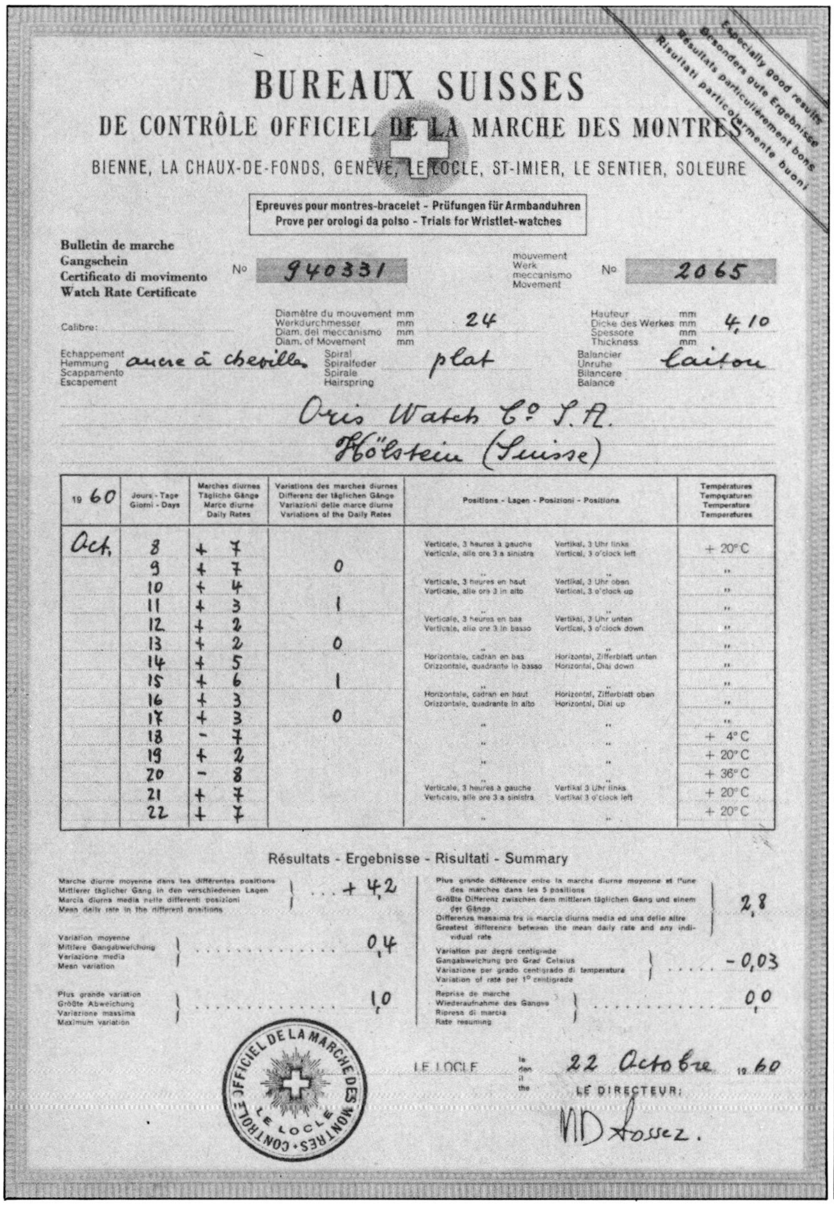

BUREAUX SUISSES
DE CONTRÔLE OFFICIEL DE LA MARCHE DES MONTRES
BIENNE, LA CHAUX-DE-FONDS, GENÈVE, LE LOCLE, ST-IMIER, LE SENTIER, SOLEURE

Especially good results
Besonders gute Ergebnisse
Résultats particulièrement bons
Risultati particolarmente buoni

Epreuves pour montres-bracelet - Prüfungen für Armbanduhren
Prove per orologi da polso - Trials for Wristlet-watches

Bulletin de marche
Gangschein
Certificato di movimento
Watch Rate Certificate
No 940331

mouvement / Werk / meccanismo / Movement No 2065

Calibre:

Diamètre du mouvement / Werkdurchmesser / Diam. del meccanismo / Diam. of Movement mm 24

Hauteur / Dicke des Werkes / Spessore / Thickness mm 4,10

Echappement / Hemmung / Scappamento / Escapement: ancre à chevilles

Spiral / Spiralfeder / Spirale / Hairspring: plat

Balancier / Unruhe / Bilancere / Balance: laiton

Oris Watch C° S.A.
Hölstein (Suisse)

19 60	Jours - Tage / Giorni - Days	Marches diurnes / Tägliche Gänge / Marce diurne / Daily Rates	Variations des marches diurnes / Differenz der täglichen Gänge / Variazioni delle marce diurne / Variations of the Daily Rates	Positions - Lagen - Posizioni - Positions	Températures / Temperaturen / Temperature / Temperatures
Oct.	8	+ 7		Verticale, 3 heures à gauche / Verticale, alle ore 3 a sinistra / Vertikal, 3 Uhr links / Vertical, 3 o'clock left	+ 20°C
	9	+ 7	0	"	"
	10	+ 4		Verticale, 3 heures en haut / Verticale, alle ore 3 in alto / Vertikal, 3 Uhr oben / Vertical, 3 o'clock up	"
	11	+ 3	1	"	"
	12	+ 2		Verticale, 3 heures en bas / Verticale, alle ore 3 in basso / Vertikal, 3 Uhr unten / Vertical, 3 o'clock down	"
	13	+ 2	0	"	"
	14	+ 5		Horizontale, cadran en bas / Orizzontale, quadrante in basso / Horizontal, Zifferblatt unten / Horizontal, Dial down	"
	15	+ 6	1	"	"
	16	+ 3		Horizontale, cadran en haut / Orizzontale, quadrante in alto / Horizontal, Zifferblatt oben / Horizontal, Dial up	"
	17	+ 3	0	"	"
	18	− 7		"	+ 4°C
	19	+ 2		"	+ 20°C
	20	− 8		"	+ 36°C
	21	+ 7		Verticale, 3 heures à gauche / Verticale, alle ore 3 a sinistra / Vertikal 3 Uhr links / Vertikal 3 o'clock left	+ 20°C
	22	+ 7		"	+ 20°C

Résultats - Ergebnisse - Risultati - Summary

Marche diurne moyenne dans les différentes positions / Mittlerer täglicher Gang in den verschiedenen Lagen / Marcia diurna media nelle differenti posizioni / Mean daily rate in the different positions ... + 4,2

Variation moyenne / Mittlere Gangabweichung / Variazione media / Mean variation ... 0,4

Plus grande variation / Größte Abweichung / Variazione massima / Maximum variation ... 1,0

Plus grande différence entre la marche diurne moyenne et l'une des marches dans les 5 positions / Größte Differenz zwischen dem mittleren täglichen Gang und einem der Gänge / Differenza massima fra la marcia diurna media ed una delle altre / Greatest difference between the mean daily rate and any individual rate ... 2,8

Variation par degré centigrade / Gangabweichung pro Grad Celsius / Variazione per grado centigrado di temperatura / Variation of rate per 1° centigrade ... − 0,03

Reprise de marche / Wiederaufnahme des Ganges / Ripresa di marcia / Rate resuming ... 0,0

CONTRÔLE OFFICIEL DE LA MARCHE DES MONTRES · LE LOCLE

LE LOCLE le / den / il / the 22 Octobre 19 60

LE DIRECTEUR:
N D Fossez.

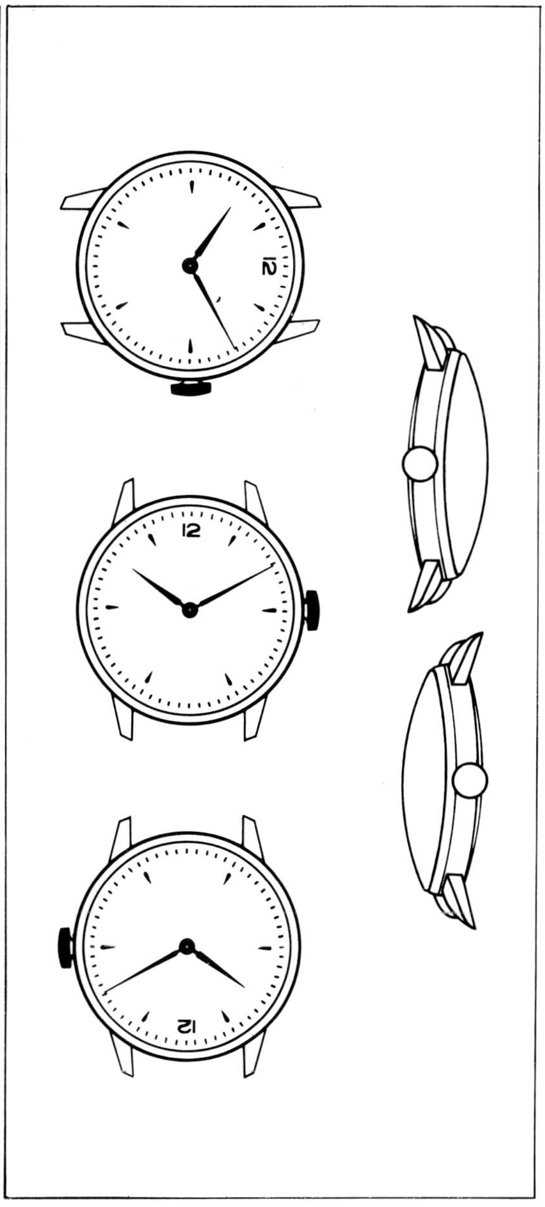

über eine Anzeige außerhalb der Stundenindexe, die (entsprechend der Bewegung des Mittelzeigers) bis zu Fünftelsekunden unterteilt ist. Bei 3.00 Uhr befindet sich ein zusätzliches Zifferblatt, das die abgelaufenen Minuten aufzeichnet (der entsprechende Zeiger rückt nach jeder vollständigen Umdrehung des Mittelzeigers eine Teilung vor). Der dritte, sechste und neunte Teilungsstrich auf diesem zusätzlichen Zifferblatt sind gelegentlich stärker hervorgehoben, um zum Beispiel die Dauer langer Telefongespräche besser messen zu können.

Stundenchronograph: Dieses Gerät hat ein zusätzliches Zifferblatt, um Zeitabläufe bis zu zwölf Stunden vom Beginn des jeweiligen Vorgangs an aufzeichnen zu können. (Einige Chronographen können sogar bis zu 24 Stunden aufzeichnen.)

Tachymeter: Mit diesem Zeitmesser kann die Geschwindigkeit eines sich bewegenden Objekts gemessen werden. Meist erfolgt diese Messung in Kilometern oder Meilen. Gewöhnlich befindet sich die Tachymeterskala außerhalb der Stundenindexe, doch kann die Skalenwindung zur Messung von Geschwindigkeiten von unter 60 Kilometern in der Stunde auch bis zur Mitte des Zifferblatts fortgesetzt werden. Zur Messung der Geschwindigkeit wird der Chronographenzeiger beim Start betätigt und angehalten, wenn das Fahrzeug (nach einem Kilometer oder einer Meile) das Ziel passiert. Danach kann auf der Teilung die Stundengeschwindigkeit abgelesen werden.

Telemeter: Mit Hilfe des Telemeters kann die Entfernung eines Gegenstandes oder eines Phänomens gemessen werden, der bzw. das sichtbar oder auch hörbar ist. Die Messung erfolgt auf der Grundlage der Schallgeschwindigkeit (340 Meter in der Sekunde).

Automatische Taucheruhr von IWC aus den siebziger Jahren.

Wird der Chronographenanzeiger in dem Augenblick, in dem man einen Blitz sieht, in Gang gesetzt und angehalten, wenn man das Geräusch des Donners vernimmt, so gibt die Zeigerstellung an, wie weit das Gewitter entfernt ist. Telemeter wurden zuerst für militärische Zwecke verwendet. Sie boten die Möglichkeit, die Entfernung feindlicher Geschütze zu bestimmen und die Zielangaben für die eigene Artillerie zu korrigieren.

Ärztechronograph: Es gibt zwei Arten von Chronographen für Ärzte. Der Pulsmesser bietet dem Arzt die Möglichkeit, in wenigen Sekunden den Herzschlag eines Patienten zu messen. Die Teilung des Pulsmessers beruht meistens auf 15 gezählten Pulsschlägen. Wird der Chronograph nach dem 15. Pulsschlag angehalten, so kann die Zahl der Pulsschläge in der Minute abgelesen werden. Das zweite Gerät für den Arzt ist der Asthmometer, dessen Zifferblatt-Teilungen die Messung des Atemrhythmus gestatten.

Produktionszähler: Die Teilung dieses Chronographen ermöglicht es, die Zahl der stündlich hergestellten Stücke oder durchgeführten Arbeitsprozesse zu bestimmen.

Doppelchronograph: Dieser komplizierte Chronograph hat Doppelzeiger, von denen einer angehalten werden kann, während der andere weiterläuft. So kann man beispielsweise die Zeiten von zwei gleichzeitig startenden Läufern messen oder die Geschwindigkeit über eine Gesamtstrecke und gleichzeitig über einen Teil der Strecke bestimmen. Betätigt man den Drücker für den Doppelzeiger, so springt der Zeiger auf Null zurück, während der erste Zeiger weiterläuft. Der Doppelzeiger kann sodann zu einer zweiten Messung in Gang gesetzt werden.

Es gibt noch eine andere Art von Doppelchronographen, die nur einen Zeiger hat. Dieser kann beispielsweise angehalten werden, um die Geschwindigkeit über eine bestimmte Entfernung zu messen. Wird er danach wieder in Gang gesetzt, so springt er an die Stelle, an der er sich befände, wenn er weitergelaufen wäre, und mißt den betreffenden Vorgang weiter.

»Halbchronograph« oder »Stoppuhr-Chronograph«: Hierbei handelt es sich um eine normale Uhr mit einem zentralen Sekundenzeiger, der sich ständig bewegt, aber mit Hilfe eines Drückers auf Null zurückgestellt werden kann, um einen Meßvorgang zu beginnen. Der Zeiger kann allerdings nicht angehalten werden, um die abgelaufene Zeit genau ablesen zu können.

Rechnerchronograph: Außer oder anstelle einer Tachometer- und einer Telemeterteilung hat dieses Gerät noch zwei andere Teilungen. Eine dritte Teilung befindet sich auf der drehbaren Lünette. Durch Drehen dieses Glasreifs und Gegenüberstellung der entsprechenden Zahlen können wie mit einem Rechenschieber Divisions- und Multiplikationsvorgänge durchgeführt, logarithmische Berechnungen vorgenommen, See- oder Flugrouten bestimmt werden usw.

Nautischer Chronograph: Von diesem Gerät gibt es zwei Hauptarten. Die erste hat ein zusätzliches Zifferblatt mit verschieden gefärbten Fünfminutenteilungen. Es soll beispielsweise anzeigen, wieviel Zeit noch bis zum Startbeginn etwa eines Rennens verbleibt. Die zweite Art hat neben verschiedenen zusätzlichen Zifferblättern auch

Links: Pilotenchronograph von Breitling aus den sechziger Jahren. Rechts: Die berühmte Pilotenuhr »Lindbergh« von Longines.

ein Zifferblatt, das mit einer rotierenden Scheibe versehen ist. Diese Scheibe ist in vier farbige Segmente eingeteilt, die die Gezeiten anzeigen. Da die Gezeiten von Ort zu Ort abweichen, befindet sich üblicherweise gegenüber der Aufzugskrone ein Drücker, über den der Chronograph mit den jeweiligen Gezeiten synchronisiert werden kann.

Neben diesen Chronographen gibt es noch zahlreiche Vielzweckchronographen für die unterschiedlichsten Einsatzbereiche. Erwähnt sei hier insbesondere der »Notizchronograph«. Mit Hilfe eines zusätzlichen Zifferblatts mit 24-Stunden-Einteilung kann dieses Gerät beispielsweise Termine notieren. Es wurde 1942 von der Firma Universal Genève patentiert und als »Aero-compax« bezeichnet, weil es in erster Linie für Piloten bestimmt war. Bei den »Extra fort«-Modellen von Eberhard dient der untere Drücker als Sicherung. Einige andere Modelle haben einen zentralen Minutenzeiger, so daß die seit Beginn des Meßvorgangs vergangenen Minuten auf dem Hauptzifferblatt abgelesen werden können. Schließlich gibt es noch eine Art »Kompaß-Chronographen«, bei dem ein spezieller Zeiger Norden anzeigt, wenn man das Gerät waagerecht hält und den Stundenzeiger zur Sonne richtet.

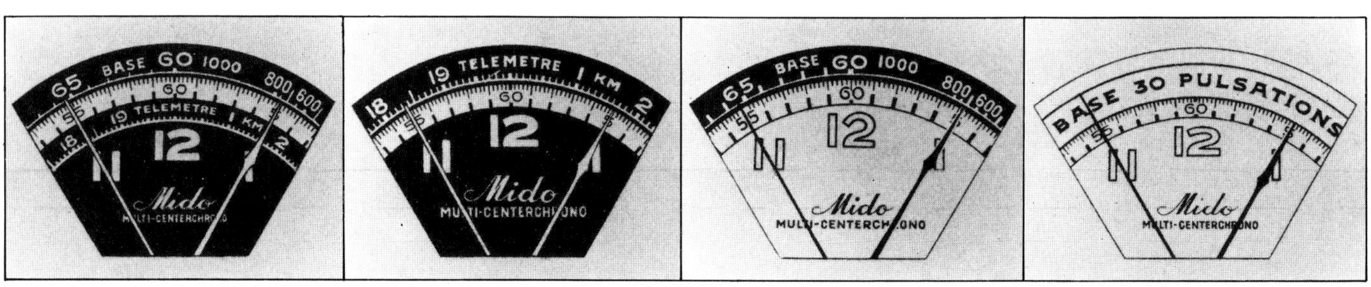

Heute gilt für Chronographen im allgemeinen die folgende Klassifizierung der Universal Genève: Uni-compax – mit einer Minutenanzeige; Compax – mit einer zusätzlichen Stundenanzeige; Tri-compax – mit Stundenanzeige, Kalenderanzeige und Anzeige der Mondphasen.

Complications

Diese Uhren haben neben der Zeitangabe noch andere Funktionen. Sie sind wenigstens so hochwertig wie die im vorstehenden Abschnitt beschriebenen Chronographen, haben außerdem jedoch Weckvorrichtungen (deren Erfindung dem Urgroßvater des Philosophen Jean-Jacques Rousseau zugeschrieben wird und die erstmals bei der »Vulcain Cricket« serienmäßig eingebaut wurden, die sich bei der Erstbesteigung des K2 in den fünfziger Jahren durch eine italienische Bergsteigergruppe bewährte) sowie Kalenderanzeige, Mondphasenanzeige und Repetierwerke. Repetieruhren haben ein Schlagwerk, wobei es sich im Fall von Armbanduhren meist um ein Minuten-Repetierwerk handelt, das die Stunden, die Viertelstunden und Minuten schlägt. Das Schlagwerk hat einen vom Räderwerk unabhängigen Mechanismus, der durch einen kleinen Schieber im Gehäuse der Uhr betätigt wird. Dieser Mechanismus wird als kleines

Eine skelettierte Armbanduhr mit automatischem Aufzug und ewigem Kalender. Das Uhrwerk stammt von Vacheron & Constantin.

Räderwerk bezeichnet. Einige Modelle haben einen ewigen Kalender, der Jahr für Jahr das richtige Datum anzeigt, ohne daß in Monaten mit dreißig Tagen oder in Schaltjahren Einstellungsänderungen vorgenommen werden müssen. Einfachere Modelle haben einen kleinen Drücker, der solche Änderungen ermöglicht. Natürlich können teure Uhren viele oder sogar alle der genannten Funktionen haben. Die wahrscheinlich »komplizierteste« Uhr der Welt sei hier kurz vorgestellt: Es ist allerdings keine Armbanduhr, sondern eine

Taschenuhr, und es gibt sie nur ein einziges Mal. Sie wurde gegen Ende des vorigen Jahrhunderts von Louis Leroy, dem Uhrmacher der französischen Marine, gefertigt und besteht aus 975 Teilen. Tatsächlich ist sie ein ewiger Kalender mit insgesamt 24 Funktionen, darunter folgenden: Anzeige der Jahreszeiten, der Tages- und Nachtgleichen und der Sonnenwenden, Gangreserve-Anzeige, Sternenhimmel der nördlichen Hemisphäre (auf drei Flächen bewegen sich insgesamt 1407 Sterne entsprechend der Sternzeit, also mit einem Vorsprung von drei Minuten und 56 Sekunden gegenüber der Normalzeit), Zeitanzeige in 125 Städten der Welt, Thermometer, Barometer, Kompaß, Höhenmesser und drei Schlagwerkeinstellungen (darunter ein Glockenspiel)!

Das Gehäuse

Das Gehäuse ist sozusagen das Gewand der Uhr. Seit die ersten Armbanduhren gebaut wurden, ist es immer eleganter geworden. Außerdem hat man seine Schutzfunktion für das Werk ständig verbessert. Das Gehäuse besteht normalerweise aus zwei oder drei Teilen: Glasreif oder Lünette, die das Uhrglas trägt, Mittelteil (das eigentliche Gehäuse), in dem das Werk untergebracht ist, und Boden. Bei zahlreichen modernen Modellen entfällt die Lünette. Um immer breitere Verwendungsmöglichkeiten zu schaffen, hat man sich auf vielfältige Weise bemüht, Uhren wasserdicht zu machen. Früher mußten Uhren häufig gereinigt und geölt werden. Einen bedeutenden Fortschritt im Gehäusebau stellten die ersten Oyster-Modelle dar, die die Firma Rolex in den zwanziger Jahren auf den Markt

Wasserdichtes Gehäuse aus den vierziger Jahren.

brachte. Bei diesen Modellen war der Boden mit dem Gehäuse verschraubt, so daß die früher benötigten Dichtungen und Unterlegscheiben entfielen. Auch die Krone war mit dem Gehäuse verschraubt, da hier am häufigsten Luft und Feuchtigkeit eingedrungen waren. Das Glas wurde in das Gehäuse eingepreßt.

Es gibt drei Arten von wasserdichten Gehäusen: Gehäuse mit Schraubboden, Gehäuse mit angedrücktem Boden und Gehäuse, bei denen der Boden mit Schrauben befestigt ist. Um zu verhindern, daß Wasser an einer der empfindlichsten Stellen des Gehäuses – der Aufzugskrone – eindringt, gibt es drei verschiedene Systeme: die bereits 1931 erfundene fest mit dem Gehäuse verschraubte Krone sowie zwei Arten von Dichtungen, meist aus Kunststoff, um die Nabe der Krone.

In der Praxis, insbesondere bei älteren Uhren, ist zu berücksichtigen, daß wasserdichte Uhren nicht längere Tauchvorgänge ermöglichen sollen (der Höchstdruck, dem eine Taucheruhr ausgesetzt werden kann, das heißt, die zulässige Tauchtiefe, ist auf dem Gehäuse angegeben), sondern vielmehr das Werk gegen das zufällige Eindringen von Wasser, Staub und Feuchtigkeit schützen sollen. Wenn sich die Uhr beispielsweise aufwärmt, so dehnt sich die Luft im Gehäuse aus und versucht zu entweichen. Bei sinkenden Temperaturen dagegen entsteht im Gehäuse ein Unterdruck und Außenluft wird zusammen mit den darin enthaltenen Staubpartikeln eingesogen. Die gleichen Vorgänge spielen sich bei Veränderungen des Luftdrucks ab. Früher besprühten die Uhrmacher Boden und Lünette mit einer Mischung aus Bienenwachs und Vaseline, ehe das Gehäuse geschlossen wurde, um es dadurch wasserdichter zu machen.

Das Gehäuse kann aus verschiedenen Metallen bestehen. 1931 wurde eine Legierung aus Stahl, Chrom und Nickel mit der Bezeichnung »Staybrite« eingeführt, und danach wurde die Verwendung von rostfreiem Stahl üblich. Uhrengehäuse können vergoldet sein oder aus Walzgold-Doublé, aber auch aus Edelmetallen wie Gold und Platin bestehen. Für Edelmetallgehäuse gibt es international einheitliche Farb- und Feingehaltbezeichnungen. So enthält ein Goldgehäuse mit der Bezeichnung 18K 750 Teile Gold, ein Gehäuse mit der Bezeichnung 14K 585 Teile Gold und ein Gehäuse mit der Bezeichnung 9K 375 Teile Gold. Rötliche Farbtöne zeigen einen unterschiedlichen Kupfergehalt der Legierung an, während Weißgold Nickel enthält.

Antimagnetische Uhren

Wir haben schon gesagt, daß Magnetfelder zu den Faktoren gehören, die den täglichen Gang einer Uhr verändern. Der Einfluß dieser Felder wird um so größer, je näher die Uhr sich einem natürlichen Magnetfeld oder einem elektrischen Gerät wie einem Fernsehapparat, einem Elektrorasierer oder einem Kassetten-Recorder befindet. Als Beispiel sei nur erwähnt, daß auf eine Uhr, die sich nur wenige Zentimeter von einem Telefonapparat entfernt befindet, ein Magnetfeld mit einer Stärke von zehn Gauss einwirkt. Magnetfelder können den täglichen Gang durch zeitweilige und permanente Magnetisierung beeinträchtigen. Die zeitweilige Magnetisierung endet, sobald die Uhr aus dem Bereich des Magnetfeldes entfernt wird (ein sehr starkes Magnetfeld kann sogar den Mechanismus der Uhr zum Stillstand bringen). Als permanent bezeichnet man eine Magnetisierung, die in einer Uhr zurückbleibt, nachdem sie magnetisiert wurde. Sie kann den Gang der Uhr um einige Sekunden am Tag verändern. In diesem Fall bleibt nur die Möglichkeit, die Uhr zu entmagnetisieren.

Welche Beeinträchtigungen Magnetfelder verursachen können, stellte erstmals Perry auf seiner Nordpolexpedition im Jahre 1878 fest. Seitdem bemüht man sich um den Bau antimagnetischer Uhren. Um die Auswirkungen von Magnetfeldern zu neutralisieren, werden zwei Systeme angewandt. Das eine besteht darin, die wesentlichen Teile des Werks (Unruh und Federn) aus antimagnetischen Legierungen statt aus Stahl herzustellen, das andere System sieht eine »Abschirmung« des Werks selbst vor. Beide Systeme werden bei der Herstellung von Uhren verwandt, die besonders starken Magnetfeldern ausgesetzt sind. Die Perfektionierung antimagnetischer Uhren ist weitgehend der International Watch Company zu verdanken. Zu Beginn des Zweiten Weltkriegs entwickelte die Firma *Sciaffusa* eine antimagnetische Fliegeruhr, die nicht nur präzise und robust war, sondern dank eines Gehäuses aus antimagnetischem Metall nicht von den starken Magnetfeldern in einer Flugzeugkanzel beeinflußt wurde. Dieses Modell war der Vorläufer der »Mark XI«, die 1948 auf den Markt kam. Das war die Fliegeruhr par excellence, die bei den Luftstreitkräften vieler Länder eingeführt wurde. Diese Uhr, die jeweils 648 Stunden getestet wurde, trugen auch die Mitglieder der Antarktisexpedition von Sir Edmund Hillary. Aus der Mark XI wurde das Modell »Ingenieur« entwickelt, das noch heute produziert wird. Dank seines Innengehäuses aus Weicheisen können ihm selbst Magnetfelder mit einer Stärke von 1000 Gauss nichts anhaben.

Zifferblatt und Zeiger

Das Zifferblatt und die Zeiger sind das »Gesicht« einer Uhr. Auf ihre Herstellung und die Abstimmung ihrer einzelnen Teile wird größte Sorgfalt verwendet, denn es kann durchaus vom Zifferblatt abhängen, ob eine Uhr sich gut verkaufen läßt oder nicht.

Die ersten Armbanduhren hatten emaillierte Zifferblätter. Sie bestanden aus einer Metallplatte (gewöhnlich Kupfer oder Silber), die mit mehreren Emailschichten überzogen wurde. Das war ein recht aufwendiges Verfahren. Als immer mehr Sportler sich für Armbanduhren entschieden, bedeutete dies das Ende des emaillierten Zifferblattes, das leicht splittern oder reißen konnte. Metallzifferblätter setzten sich durch. Sie waren galvanisch gefärbt, und die Ziffern und Stundenindexe waren aufgedruckt, erhaben geprägt oder aufgeklebt.

Es gibt nur noch sehr wenige Hersteller emaillierter Zifferblätter. Zwei davon arbeiten in Mailand: Dino Falcone und sein Sohn Roberto – zwei hochqualifizierte Handwerker, die jede alte Uhr reparieren und wieder in Gang bringen, daneben aber auch außerordentlich wertvolle Unikate herstellen.

Die heutigen Uhren haben meist polierte oder matte Metallzifferblätter. In den dreißiger und vierziger Jahren waren Uhren mit doppeltem Zifferblatt beliebt, von denen eines die Stunden und das andere die Sekunden zeigte. In den USA wurden diese Uhren Arzt- oder Krankenschwesteruhren genannt, weil man mit ihrer Hilfe beim Zählen des Pulses eines Patienten mühelos die Sekunden ablesen konnte.

Die Zeiger sind für die ästhetische Wirkung einer Uhr sehr wichtig. Bei einigen teuren Modellen bestehen sie ebenso wie die Stundenindexe aus Gold (es gibt sogar Modelle, bei denen die Stundenindexe aus Edelsteinen bestehen). Jahrhundertelang wurden die Zeiger von den Uhrmachermeistern sorgsam mit der Hand gefertigt, und sie brauchten oft zwei ganze Tage, um ein Paar Zeiger herzustellen. Seit der zweiten Hälfte des 18. Jahrhunderts werden die Zeiger jedoch massengefertigt. Ein Jahrhundert später entstanden dann sogar Unternehmen, die ausschließlich Zeiger herstellten. Ein solches Unternehmen in La Chaux-de-Fonds fertigte zu Beginn des 20. Jahrhunderts 1200 verschiedene Arten von Zeigern, von großen Zeigern für Tisch- und Wanduhren bis zu den winzigen Sekundenzeigern für Taschenuhren.

Quarzwerke

Bereits 1957 begann die amerikanische Firma Hamilton, Uhren mit einem Elektromotor herzustellen, von dem die Unruh ihre Impulse empfing. Die Energie wurde von einer Batterie statt von der Aufzugsfeder geliefert.

Die erste wirklich große Neuerung auf dem Wege zur absoluten Präzision kam aber erst 1960, als Bulova seine Stimmgabeluhr auf den Markt brachte. Erstmals erfolgte die Skandierung und Teilung der Zeit nicht mehr mit Hilfe der Unruh und der Unruhfeder, sondern durch eine Stimmgabel, die elektrische Impulse empfing und 360- bis 720mal in der Sekunde schwang. Die extrem schnellen Schwingungen wurden auf ein kleines Rad übertragen, das sie teilte und auf das Stunden- und das Minutenrad übertrug. Die Präzision wurde dadurch beträchtlich gesteigert, und das Unternehmen konnte garantieren, daß seine Uhren nur noch eine Gangabweichung von höchstens einer Minute im Monat aufwiesen. Im Vergleich zu dieser Neuerung erschienen selbst die genauesten Taschen- und Armbandchronometer als unzulänglich.

Die Quarzrevolution erfolgte ein Jahrzehnt später. Das Prinzip dieser Neuerung beruhte auf der stabilen Schwingungsfrequenz eines durch elektrischen Strom zum Schwingen gebrachten Quarzkristalls. Eine 1,5-Volt-Batterie liefert den Strom für einen integrierten Schaltkreis, der drei Funktionen erfüllt: Er vermittelt die Impulse an den Quarzkristall, der mit einer Frequenz von 32,768 Hertz zu schwingen beginnt; er teilt die Schwingungen, so daß ein Impuls pro Sekunde weitergegeben wird; und er überträgt diese Impulse an einen Mikromotor. Der Mikromotor seinerseits setzt das Werk mit den Zeigern in Gang. Werden Flüssigkristalle verwendet, so gehen die Impulse nicht an den Mikrometer, sondern an einen Decoder. Flüssigkristalle haben der Uhr das unserer Zeit gemäße Aussehen gegeben, lassen sie allerdings mehr einem Computer gleichen als einer Uhr.

Wie man eine Uhr bewertet

Für die Bewertung einer Uhr sind verschiedene Faktoren maßgebend. Zunächst einmal das Fabrikat, sodann die Zusatzausstattung, das Modell, seine Seltenheit, die Form, der Zustand des Werks, das Gehäuse und das Zifferblatt. Wer anfangen möchte, Uhren zu sammeln, sollte zunächst einen Experten – beispielsweise einen Uhrmacher oder einen zuverlässigen Einzelhändler – zu Rate ziehen. Dies schon allein, um zu vermeiden, daß man eine Fälschung erwirbt. Die große Beliebtheit der Armbanduhr hat dazu geführt, daß der Markt mit Fälschungen nahezu überschwemmt worden ist.

Die häufigste Fälschung gilt dem Gehäuse, das dem Original entsprechend oder in einer Phantasieform ebenfalls aus Gold hergestellt wird, um den Wert der Uhr zu erhöhen. Aber daneben gibt es weit kompliziertere und subtilere Fälschungen, die dazu führen können, daß eine durchschnittliche oder minderwertige Uhr als teures Modell mit einem berühmten Namen angeboten wird. Den Fälschern macht es gar nichts aus, das Zifferblatt mit dem Namen einer berühmten Uhrenfirma zu versehen, Teile des Werks zu verändern, um den Eindruck der Echtheit zu verstärken, oder gar einen bekannten Namen am Gehäuse selbst anzubringen. Zuweilen findet man Uhren, von denen kein einziges Teil aus der Werkstatt des angeblichen Herstellers stammt. Dazu bedarf es nur einiger Manipulationen, um den Eindruck zu erwecken, daß das Werk außerordentlich kompliziert ist. Zu diesem Zweck werden einfache Uhren um Kalender und Mondphasenanzeigen bereichert. Nachstehend geben wir einige Hinweise, die Sie beachten sollten, um sich unangenehme Überraschungen zu ersparen.

Zifferblatt: Es ist immer besser, wenn das Originalzifferblatt noch vorhanden ist. Manchmal ist das Zifferblatt aber so in Mitleidenschaft gezogen, daß die ursprünglichen Anzeigen neu aufgedruckt werden müssen, was bei Emailzifferblättern natürlich unmöglich ist. Wenn dies mit der genügenden Sorgfalt geschieht, bedeutet es nur einen minimalen Wertverlust.

Gehäuse: Das Gehäuse sollte weder fleckig noch verkratzt oder abgenutzt sein (Flecken und Kratzer können allerdings behoben

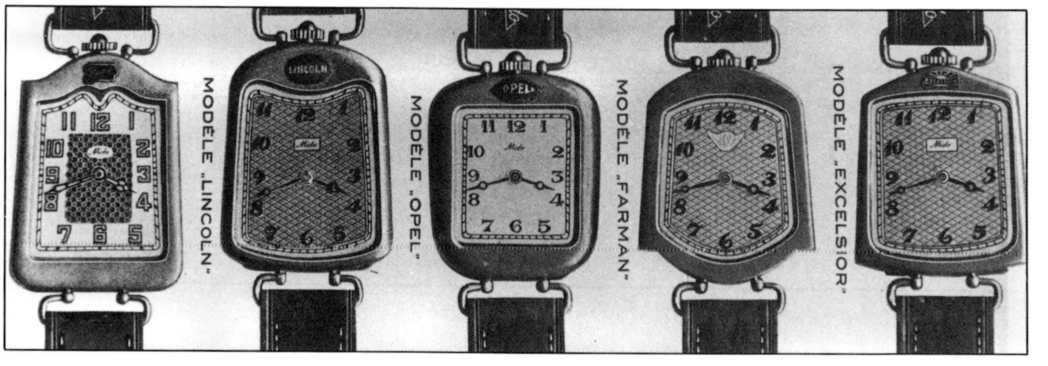

werden). Der Zustand des Gehäuses zeigt, wie die Uhr benutzt wurde. Das Gehäuse sollte vor dem Erwerb der Uhr unbedingt geöffnet werden, um den Garantiestempel und den Namen des Herstellers auf der Innenseite des Gehäusebodens zu überprüfen. Mit Hilfe eines Vergrößerungsglases läßt sich meistens leicht feststellen, ob der Erzeugerstempel gefälscht wurde. In diesem Fall ist er entweder zu scharf oder aber unscharf. Häufig sind auf der Innenseite des Bodens Zeichen und Daten eingraviert, die von den Uhrmachern angebracht wurden, die die Uhr im Laufe der Jahre repariert haben.

Werk: Auch der Zustand des Werks sollte mit einem Vergrößerungsglas überprüft werden. Achten Sie auf die Schrauben, die Kratzer und unscharfe Kanten haben, wenn das Werk häufig auseinandergenommen wurde. Natürlich sollten auch keinerlei Rostspuren zu sehen sein.

Je komplizierter eine Uhr ist (ausgestattet mit Repetitionswerk, ewigem Kalender, Mondphasenanzeige, Chronographen, Weckeinrichtung usw.), desto wertvoller ist sie im allgemeinen. Ein zentraler Sekundenzeiger macht eine Uhr wertvoller als ein Sekundenzeiger mit einem eigenen kleinen Zifferblatt, selbst wenn es sich um das gleiche Grundmodell einer Firma handelt. Auch sind »nicht runde« Uhren wertvoller als runde, vor allem, wenn auch das Werk entsprechend geformt ist. Ein wasserdichtes Modell ist wertvoller als eine ähnliche Uhr mit einem Gehäuse aus rostfreiem Stahl, auch wenn diese viel seltener ist.

Die großen Marken

Kurze Darstellung der Geschichte einiger alter und berühmter Schweizer Firmen

Audemars Piguet

Die beiden Gründer dieser Firma, einer der ersten im Gotha der Schweizer Uhrmacherzunft, waren begeisterte Anhänger komplizierter Uhrmechanismen. Jules Audemars und Edouard Piguet eröffneten im Jahre 1875 eine kleine Werkstatt in Brassus im Jouxtal. Von dort zogen sie 1880 nach Genf, um hier für einige wohlhabende Uhrenliebhaber in kleiner Auflage Präzisionsuhren herzustellen und andere Firmen mit Uhrwerken zu beliefern. 1915 schufen sie eines der Meisterstücke der Uhrmacherkunst unseres Jahrhunderts, eine Taschenuhr aus Gold und Email, der sie den Namen »Grande Complication« gaben. Dies ist eine automatische Uhr, die für 400 Jahre im voraus programmiert ist, mit ewigem Kalender, der auch den Schaltjahren Rechnung trägt, einer Mondphasenanzeige, einem Chronographen und einem Schlagwerk mit Selbstschlag und Stunden-, Viertelstunden- und Minuten-Repetition. Sie wird noch heute gefertigt, besteht aus 416 Einzelteilen und kostet über DM 300000. Wer sie bestellt, wird sich ungefähr 15 Jahre gedulden müssen, bis sie geliefert wird, denn die Warteliste ist lang, und mit der Herstellung einer einzigen Uhr sind die spezialisierten Uhrmacher des Hauses zwei Jahre beschäftigt. Vor über 100 Jahren gegründet, ist die Marke Audemars Piguet nach wie vor ein Symbol für seltene Uhren (es werden nicht mehr als 15000 Uhren im Jahr hergestellt) mit ausgeklügelter Mechanik und wundervoll schlichtem, auserlesenem Design.

Neben einigen Repliken berühmter alter Modelle weisen nun auch die neuen Kreationen mit ihrem Namen »Nouvelles Classiques« auf die Treue zu den alten Meistern, den Gründern des Hauses. Zu den Kollektionen, die den größten Anklang finden, gehört die Royal Oak.

Blancpain

Die älteste heute noch existierende Schweizer Uhrenmarke ist sicher Blancpain. Das Haus wurde 1735 von Jean-Jacques Blancpain in Villeret gegründet. Ursprünglich ein reines Familienunternehmen, ist die Firma heute im Besitz des Geschäftsführers Jean Claude Bivier und des Meisteruhrmachers Frédéric Piguet, der auch andere große Firmen mit Uhrwerken beliefert. Außer für einige berühmte Taschenuhren aus früheren Zeiten ist das Haus hauptsächlich durch eine Taucheruhr bekannt, die 1935 für Jacques Cousteau und sein Team für die Dreharbeiten zum Film »Die Welt des Schweigens« kreiert wurde. Blancpain, vielleicht die einzige Firma, die niemals eine Quarzuhr auf den Markt gebracht hat, stellt heute nur noch zwei Modelle her, beide als Herrenuhr und als Damenuhr, eines mit Kalender und Mondphasenanzeige, das andere mit ewigem Kalender. Auch hier ist die Produktion auf wenige Exemplare beschränkt, die mit enormem handwerklichem Aufwand hergestellt werden.

Breguet

Schon in der Einleitung wiesen wir auf die große Schöpferkraft Abraham Louis Breguets (1747–1823) hin. Dieser Mann, mit Recht der Leonardo da Vinci der Uhrmacherkunst genannt, machte so grundsätzliche Erfindungen wie den Tourbillon. Ob Taschenuhren, Pendülen oder Marinechronometer, alle von ihm persönlich oder in seinen Werkstätten hergestellten Uhren weisen eine perfekte Harmonie von Technik und Form auf. Alle seine Meisterwerke wurden in dem berühmten Haus Breguet, Quai de l'Horloge 79, Ile de la Cité in Paris, geschaffen. 1774 gegründet – Breguet hatte seine Heimatstadt Neuchâtel im Alter von 15 Jahren verlassen, um in Frankreich in dem angesehenen Collège Mazarin Mathematik und Baukunst zu studieren –, sollte diese Werkstatt bald ein Treffpunkt reicher Geschäftsleute und europäischer Aristokraten werden. Von den im Originalkatalog aufgeführten 5000 Uhren sind nur noch rund 1000 erhalten, die sich teilweise in Museen, teilweise in Privatsammlungen befinden. Die dokumentierten und noch funktionstüchtigen Stücke werden auf mehrere hunderttausend Mark geschätzt. Man sollte sich hier also besonders vor Kopien in acht nehmen und bedenken, daß Breguet-Uhren schon seit fast zwei Jahrhunderten Spekulationsobjekte sind. Und dies nicht von ungefähr, denn Breguet beschäftigte schon 1811 an die hundert der besten Uhrmachermeister Europas und belieferte sowohl das englische Königshaus als auch die Familie Bonaparte (Kaiserin Josephine war eine seiner besten Kundinnen). Nicht zu vergessen, daß er seinerzeit auch für Königin Marie Antoinette wundervolle Schmuckuhren fertigte, ehe sie unter der Guillotine ihr Leben ließ. 1971 wurde die Firma Breguet von Jacques und Pierre Chaumet, zwei bedeutenden Juwelieren von der Place Vendôme, gekauft. Die Produktion wurde nach Brassus im Jouxtal verlegt, dem historischen Zentrum der Schweizer Uhrmacherkunst. Hier fertigt man unter Wahrung der traditionellen technischen und ästhetischen Prinzipien des legendären Hauses Armband- und Taschenuhren (teilweise mit mehreren »Complications«) in numerierter Auflage, die alle lange vorher von Sammlern und Uhrenliebhabern bestellt wurden.

Breitling

Leon Breitling, ein Mann von großem handwerklichen Talent und Erfindergeist, begann 1884 in seiner Werkstatt in Saint-Imier (La Chaux-de-Fonds) die ersten Chronographen mit eigenem Firmenzeichen herzustellen. Später trugen seine Söhne entscheidend zum Ruhm des Hauses bei, so daß die Firma schon zu Beginn des Ersten Weltkriegs von europäischen Regierungen Aufträge zur Herstellung von Präzisionsuhren für Marine- und Luftstreitkräfte erhielt. Breitling wollte nie zur modischen Avantgarde gehören oder in den Fenstern der Luxusjuweliere ausgestellt werden. Oberstes Gebot der Entwicklungsarbeit war vielmehr, Uhren von größter Ganggenauigkeit und technischer Perfektion zu fertigen. So werden Breitling-Chronographen denn auch hauptsächlich von anspruchsvollen Sportlern und Technikern getragen. Eines der bekanntesten Modelle, die »Chronomat«, ist mit einem Rechenschieberreif versehen, mit dem man Zeiten messen und eine große Zahl mathematischer Berechnungen durchführen kann.

Cartier

Es gibt Namen, die von einer Aura umgeben sind. Mit dem Namen Cartier verbinden sich technische Erfindungskraft und erlesene Goldschmiedekunst, seine Uhren geben ihren Trägern eine besondere Ausstrahlung. Die Uhren aus der berühmten Werkstatt Rue de la Paix 13 haben etwas Magisches, obgleich sie in der Geschichte von Cartier eine weit geringere Rolle spielen als der Schmuck. Man denke nur an die seltenen und unbezahlbaren Uhren aus Jade, Bergkristall und anderen kostbaren Materialien, oft übersät von Rubinen und Saphiren, die gelegentlich bei Sotheby's oder Christie's versteigert werden, oder an die ebenso seltenen Armband- und Taschenuhren, die auf Sammlerauktionen Höchstpreise erzielen. Die Beliebtheit dieser Uhren (deren Werke im übrigen immer aus bedeutenden Häusern wie Jaeger, Vacheron & Constantin, European Watch und Audemars Piguet stammen) ist nicht nur auf ihre Seltenheit und ihr Prestige zurückzuführen, sondern auch darauf, daß ihre Besitzer sie wie Schmuckstücke tragen und lieben. Die Geschichte der Dynastie Cartier begann in einer kleinen Goldschmiedewerkstatt in der Rue Montorgueil, unweit vom Austernmarkt, die der junge Lehrling Louis François Cartier von seinem Meister Adolphe Picard übernahm. Dank Prinzessin Mathilde, einer Cousine Napoleons III., die ihn in der Pariser Gesellschaft lancierte, und dank seinem neuen Atelier am Boulevard des Italiens wurde Cartier gegen Ende des 18. Jahrhunderts »der« Pariser Goldschmied und Juwelier. Zu Beginn des neuen Jahrhunderts setzte sich der Name auch international durch. 1902 gründete Cartier eine Niederlassung in London und 1908 eine Filiale in New York. Der Sprung über die Grenzen war Louis Cartier, dem Sohn Alfreds, einem gutaussehenden und distinguierten Mann, zuzuschreiben, der nicht nur der Liebling der schönsten Frauen von Paris war, sondern auch bei so bedeutenden Bankiers wie John Pierpont Morgan hohes Ansehen genoß. Der Prinz von Wales nannte ihn einmal »Goldschmied der Könige, König der Goldschmiede« – später fast ein geflügeltes Wort.

Louis Cartier schaffte es, der Uhr ihr Renommee als Wertgegenstand (wie sie es in den vergangenen Jahrhunderten hatte) zurückzugeben, und er schuf neue und in vieler Hinsicht einzigartige Modelle. Man denke etwa an die berühmte Santos, die er 1904 für den brasilianischen Flieger Santos-Dumont kreierte, oder an die Tank-Watch, beides mittlerweile Uhren von historischem Wert, die durch ihre besonderen Eigenschaften und ihr klassisches Design nie an Aktualität verloren haben (sie werden noch heute viel verkauft und oft kopiert). Louis Cartier gelang es auch, Edmond Jaeger zu überreden, sich in der Rue de la Paix niederzulassen und nur noch für ihn Uhrwerke zu fertigen, eine Verbindung, aus der eine ganze Reihe außergewöhnlicher Schmuckuhren hervorging. Die feinen Leute, die in den dreißiger Jahren bei Maxim's ein und ausgingen oder sich in den Luxushotels der Côte d'Azur trafen, hatten fast alle eine Cartier-Armbanduhr am Handgelenk.

Bei den Uhren, die wir hier mit freundlicher Genehmigung des Hauses Cartier abbilden, handelt es sich um sehr seltene Exemplare, teilweise sogar um Unikate. Sie zeugen davon, wie raffiniert eine Armbanduhr dank dem Geschmack und der Kreativität eines großen Juweliers sein kann. Es ist daher zutreffend, wenn Franco Cologni, der Generaldirektor von Cartier International, sagt: »Cartier ist wie ein Phönix, er stirbt nie und erneuert sich ständig.« Obwohl die Firma 1958 aus einem Familienbetrieb zu einem multinationalen Unternehmen mit 350 Millionen Dollar Jahresumsatz und 14 Tochtergesellschaften auf fünf Kontinenten umgewandelt wurde, hat der Name nichts von seinem Mythos eingebüßt. Cartier bleibt weiterhin Juwelier der Königinnen und Könige, der Industriemagnaten und Milliardäre der ganzen Welt. Seine Uhren, ob nun Santos, Tank, »Panthère« oder die erst kürzlich geschaffene »Pasha«, eine Replik der goldenen wasserdichten Uhr, die 1933 für den Pascha von Marrakesch geschaffen wurde, sind nach wie vor Statussymbole. Im übrigen hat auch der neue Präsident der Firma, Alain Dominique Perrin, einiges getan, um das Image der Firma noch strahlender zu machen und Fälschungen zu bekämpfen (auf 250000 echte Cartier-Uhren, die jährlich hergestellt werden, kommen schätzungsweise etwa zwei Millionen Fälschungen). So rief er eine Cartier-Stiftung für moderne Kunst ins Leben und stellte eine Wanderausstellung von rund 300 der prachtvollsten Meisterstücke des Hauses zusammen, die um die ganze Welt reisen soll.

Chopard

1860 gründete Louis Ulysse Chopard, Erbe einer berühmten Schweizer Uhrmacherfamilie, eine kleine Uhrenmanufaktur in Sonvilliers im Juragebirge. Seine prachtvollen Art Déco-Schmuckuhren hatten so viel Erfolg, daß die Firma Anfang der zwanziger Jahre nach Genf umsiedelte. (Mittlerweile ist das Haus wegen der außergewöhnlichen Präzision seiner Uhrwerke zum Lieferanten der Schweizer Bundesbahn geworden). 1960 verkaufte der Urenkel des Gründers, Paul André Chopard, die Firma an die Scheufeles, eine alte deutsche Industriellenfamilie. Karl Scheufele ist Geschäftsführer, seine Frau Karin leitet das deutsche Tochterunternehmen, der Sohn Karl-Friedrich besorgt das Marketing, und die Tochter Caroline ist für das Styling der neuen Modelle verantwortlich. Am erfolgreichsten sind die Sportuhren »Saint-Moritz«, die »Happy Diamonds« für modebewußte junge Damen und die Prestigeuhr »Luna d'oro«. Die Jahresproduktion beträgt 20000 Uhren.

Ebel

In La Chaux-de-Fonds, dem Zentrum der Uhrmacherkunst, entstand auf dem Höhepunkt der Belle Epoque das Haus Ebel. Der Gründer Eugen Blum verfolgte von Anfang an eine klar umrissene Geschäftspolitik: Er wollte hochwertige und außerordentlich elegante Uhren herstellen. Schon 1914 bekam das Haus bei der Schweizer Nationalausstellung in Bern eine Goldmedaille. Bald darauf sollte es zu den wenigen Herstellern gehören, die das wohlhabende Europa mit Uhren versorgten. Das nunmehr bereits von der vierten Generation geführte Familienunternehmen hat seinen guten Namen bis heute zu wahren gewußt. Zu den für Sammler besonders interessanten Ebel-Uhren gehört die Automatik »Ebello« (1928) mit einem vierlinigen Baguette-Werk, das eigens für die Schmuckuhren von Ebel angefertigt wurde, und dem extraflachen Uhrwerk Ebel 96 (1,7 mm). Heute finden wir unter den Spitzenmodellen eine ganze

Reihe wunderschöner Chronographen aus Edelstahl und Gold, die zwar für sportliche Zwecke hergestellt werden, in bezug auf ihre ästhetisch ansprechende Gestaltung jedoch den großen Chronographen der Vergangenheit ebenbürtig sind. Ebel ist noch heute stolz auf seine Tradition und kann es auch sein: 1925 wurde die Firma auf der Exposition des Arts Décoratifs in Paris mit einem Grand Prix ausgezeichnet, und seit 1930 ist Ebel auf der Basler Messe und seit 1949 auf der Genfer Schmuck- und Uhrenmesse vertreten. Aber das Erneuerungsbestreben des Generaldirektors Pierre Alain Blum hat das Image des Hauses entscheidend beeinflußt. Er sponserte große Tennis- und Golfturniere und trug so mit dazu bei, daß Ebel heute wieder zu den Spitzenmarken zählt. Dafür sorgte natürlich auch vor allem eine Kollektion neuer Modelle, die durch ihre überdurchschnittliche Qualität den Wahlspruch des Hauses – »Architekten der Zeit« – voll und ganz rechtfertigen.

Eberhard & Co.

Die Geschichte von Georges Eberhard ähnelt derjenigen anderer Gründer großer Uhrenfirmen aus dem Zentrum der Schweizer Uhrmacherkunst. Als Sohn eines Uhrmachers aus Saint-Imier kam er 1887 nach La Chaux-de-Fonds, wo er mit seinen geringen Ersparnissen gemeinsam mit anderen Handwerkern eine kleine Werkstatt aufmachte und dort zunächst als Uhrmacher und gleichzeitig als Vertreter der eigenen Uhren seinen Lebensunterhalt verdiente. Erst 1907 ermöglichte es ihm der Erfolg seiner Chronographen, eine größere Fabrik in der Nähe des Hauptbahnhofs von La Chaux-de-Fonds zu gründen. Seine Uhren wurden besonders von Männern der Tat (Sportlern, Entdeckern und Militärs) und Wissenschaftlern (Ingenieuren, Forschern) geschätzt. Eberhard-Chronographen wurden gerne zu großen Anlässen verschenkt und waren so robust und zuverlässig, daß sie ihre Besitzer oft ein Leben lang begleiteten. Zu den bedeutendsten Modellen des Hauses zählen der Chronograph mit zwei Stellknöpfen (1935) und einer Stoppeinrichtung, die ein erneutes Ingangsetzen ohne vorherige Nulleinstellung ermöglicht, und ein Chronograph mit Stundenzähler (1939). Doch auch die Modelle der fünfziger Jahre sind wegen ihrer Genauigkeit und ihres vollendeten Designs sehr gefragt.

Eterna

Eterna ist wahrscheinlich die einzige Schweizer Uhrenfirma, die ihre Entstehung einem Gemeinderatsbeschluß verdankt, nämlich dem des Ortes Grenchen im Jura (wo übrigens der italienische Staatsmann Giuseppe Mazzini einen Teil seines Exils verbrachte). Gewissermaßen als Arbeitsbeschaffungsmaßnahme machten die Herren Dr. Joseph Girard und Anton Schild gemeinsam eine Werkstatt für Uhrmacherlehrlinge auf. Nach anfänglichen Schwierigkeiten wurde daraus die Firma Girard & Schild, die 1856 zunächst nur einfache Uhrwerke, ab 1875 jedoch ganze Uhren herstellte. Ursprünglich die Modellbezeichnung für eine Kollektion von besonders gelungenem Äußeren, wurde Eterna 1906 zum Namen der Firma, die schon damals für äußerst präzise und flache Taschenuhren bekannt war. Großen Erfolg hatte Eterna 1939 mit der kleinsten serienmäßig hergestellten Uhr mit Baguette-Werk und dem ersten Acht-Tage-Wecker der Welt. Außer eleganten Armbanduhren und Chronographen fertigte Eterna auch Kuriositäten wie eine Feuerzeuguhr und eine Puderdosenuhr. Als es nach dem Zweiten Weltkrieg darum ging, den internationalen Markt zu erobern, hieß es mit Neuigkeiten aufwarten. So kam es 1948 zu einer bedeutenden Erfindung. Eterna brachte die »Eterna-Matic« auf den Markt, die erste automatische Uhr mit Kugellager-Rotor. Die fünf Kugeln des Lagers hatten jeweils einen Durchmesser von 0,65 Millimetern und wogen je ein Milligramm. Diese fünf Kugeln trugen so maßgeblich zum Ansehen der Firma bei, daß sie zum weithin bekannt gewordenen Markenzeichen der Firma erhoben wurden. Weitere Modelle mit Sammlerwert sind die »Eterna-Matic-Kontiki« (der Name erinnert an die abenteuerliche Reise Thor Heyerdahls, der an Bord des gleichnamigen Floßes 7000 Kilometer von Peru nach Polynesien zurücklegte) und die »Eterna-Matic-Dato«, eine Kalenderuhr mit einem nur 3,6 Millimeter hohen Werk. Eterna gehörte zu den ersten Schweizer Firmen, die mit technologisch hochentwickelten Produkten die Grenze zur elektronischen Uhr und anschließend zur Quarzuhr durchbrachen. Die erste Eterna-Quarzuhr kam 1974 auf den Markt; 1976 folgte die »Royal-Quarz-Kontiki«, die ein bis zu 100 Meter Tiefe wasserdichtes Gehäuse hat, das zu den flachsten dieses Typs gehört. Eterna verkörpert heute, 130 Jahre nach der Gründung, vollendete Ästhetik, Höchstleistungen auf dem Gebiet der Flacharmbanduhren und Spitzenqualität bei Schmuckuhren und Uhrwerken.

Gerald Genta

Die jüngste Genfer Prestigemarke besteht erst seit 1972. Doch Gerald Genta, der Gründer des Hauses, hatte sich vorher schon 20 Jahre als Designer bei so berühmten Firmen wie Omega, Audemars Piguet und Universal Genève verdient gemacht. Seine Uhren haben Seltenheitswert und gehören zu den teuersten Armbanduhren der Welt. Gehäuse, Zifferblatt, Verschluß und Goldschmiedearbeiten werden in Genf gefertigt, das automatische Uhrwerk und die Mechanik für den ewigen Kalender in Brassus. Sämtliche Teile sind von Hand gearbeitet. Die Produktion ist auf 250 Stück im Jahr beschränkt. Als gebürtiger Genfer teilt Genta die Liebe der Schweizer zu technischer Präzision, von seinen italienischen Ahnen hingegen hat er Ideenreichtum und Schönheitssinn geerbt.

Er selbst sagt über sich: »Ich fing mit dreiundzwanzig als Modedesigner an, nachdem ich zuvor Erfahrungen in der Werbung und Mode gesammelt hatte. Seither sind über zwanzig Jahre vergangen, in denen ich Uhren für die berühmtesten Firmen entworfen habe. Heute erkenne ich meine Handschrift manchmal an Uhren wieder, die ich selbst gar nicht entworfen habe.«

Der Liste der oben genannten Prestigefirmen, für die Genta tätig war, möchten wir die Namen einiger klassischer Sammlermodelle hinzufügen, die ebenfalls von ihm stammen: Royal Oak, Nautilus und »Titanic« (von Omega). Er arbeitete auch für den römischen Luxusjuwelier Bulgari und Fred und Van Cleef & Arpels in Paris.

Girard Perregaux

Dieses Haus verdankt seine Entstehung der Eheschließung zwischen Constant Girard und Marie Perregaux, der Schwester eines berühmten Chronometerfabrikanten. Von Anfang an zeichnete sich die Firma durch eine große Produktion und ihr Streben nach höchster Präzision aus (zwischen 1866 und 1876 erfüllte sie die vom Observatorium in Neuchâtel gesetzten Höchstansprüche gleich dreimal). Gewonnen hat das Unternehmen auch durch den Kauf der Werkstatt des Genfers Jean-François Butte, der wegen der Eleganz seiner Modelle bekannt war. Heute hat sich Girard Perregaux auf die Herstellung von Quarzchronometern spezialisiert (1970 erreichte ein Uhrwerk der Firma die Rekordzahl von 32768 Schwingungen in der Sekunde), doch fertigt man auch erlesene Schmuckuhren an.

IWC

International Watch Company ist ein Name, der Geschichte gemacht hat und dem auch die Zukunft gesichert ist. Die Firma wurde 1868 von dem Amerikaner Florence A. Jones in Boston gegründet. Er hatte sich in Schaffhausen niedergelassen, nicht so sehr wegen der Stadt, die seit dem 15. Jahrhundert zu den Zentren der Schweizer Uhrmacherkunst gehört, sondern hauptsächlich, um die Wasserkraft des Rheins für eine mit Maschinen betriebene Massenproduktion zu nutzen. Natürlich wurden die zunächst industriell hergestellten Einzelteile anschließend von Hand fein bearbeitet, überprüft und zusammengesetzt. Schon das erste so hergestellte Uhrwerk, das zwischen 1868 und 1874 gefertigte »Kaliber Jones«, war ein hervorragendes Beispiel für dieses Herstellungsverfahren und beweist, daß IWC-Uhren von Anfang an mit sämtlichen technischen Raffinessen ausgestattet waren. Dank einer Bimetall-Unruh, einem überdimensionalen Gangregler und einer Breguet-Spirale erreichten sie schon damals eine Ganggenauigkeit, die sogar die strengen Chronometernormen von heute übertraf. Der Kauf des Unternehmens durch den Unternehmer Rauschenbach (1879) hatte eine weitere Verbesserung der IWC-Taschenuhren und damit einen Anstieg der Nachfrage zur Folge.

Die Chronographen und Complications von IWC konnten mit den berühmtesten Schweizer Produkten konkurrieren. Zar Ferdinand I. von Bulgarien, Carl Gustav Jung, einer der Väter der Psychoanalyse, und Sir Winston Churchill gehören zu den vielen historischen Persönlichkeiten, die sich einer IWC-Taschenuhr bedienten. Die kostbarsten Modelle wie die »Grande Complication« (Referenznr. 5480) werden noch heute mit derselben Sorgfalt gearbeitet wie vor 80 Jahren.

Zu den Prestigearmbanduhren der Nachkriegszeit gehören die »Mark XI« (die immer noch an verschiedene Luftstreitkräfte geliefert wird), die »Ingenieur SL« und der automatische Chronograph »Leonardo da Vinci« mit ewigem Kalender und Mondphasenanzeige. Großen Erfolg hatten auch die Modelle der Kollektion »Porsche Design«, darunter eine von Sammlern besonders geschätzte Kompaßuhr, eine Weltneuheit von IWC, die bisher noch keine Nachahmer gefunden hat, und nicht zuletzt der Chronograph, der als einziger der Welt aus dem extrem leichten, der Weltraumforschung entliehenen Titan gefertigt wird. Er stellt einen Meilenstein in der Uhrengeschichte dar, ebenso wie der für die Marine der Bundeswehr entwickelte Chronograph »Ocean«.

Jaeger-Le Coultre

Seit 1833, dem Jahr der Firmengründung durch Antoine le Coultre (in Le Sentier bei Genf) hat dieses Haus immer zur Avantgarde der Mikromechanik gehört. Antoine hatte schon 1844 ein Meßgerät geschaffen, das bis zu einem tausendstel Millimeter genau war. Seine Erneuerungen trugen entscheidend zum technischen Fortschritt in der Uhrmacherkunst bei und führten dazu, daß Le Coultre zum Lieferanten hochwertiger Einzelteile für Firmen wie Patek Philippe und Vacheron & Constantin wurde. 1903 brachte das Haus Le Coultre das flachste Uhrwerk der Welt mit einer Werkhöhe von nur 1,3 Millimetern auf den Markt. Unter den Kunden der Firma befand sich das französische Unternehmen Jaeger, das auf Präzisionsinstrumente spezialisiert war und für Cartier die Uhrwerke und für Bentley Kilometerzähler und Armaturenbrettuhren herstellte. 1926 entstand die Armbanduhr »Duoplan« mit einem rechteckigen »zweistöckigen« Uhrwerk und 1929 die kleinste mechanische Uhr der Welt: Ihr Uhrwerk ist auf einer Gesamtfläche von 4,85 × 14 Millimeter untergebracht und wiegt mit Zifferblatt nur ein Gramm (es wird nach wie vor hergestellt). 1930 tat sich David le Coultre, der Neffe des Gründers, mit Edmond Jaeger zusammen, und 1931 entstand die vielleicht bekannteste Uhr der neuen Firma, die »Reverso«; auch sie wird noch heute angefertigt und erfreut sich weiterhin größter Beliebtheit. Als weitere Modelle folgten: 1934 die Pendeluhr »Atmos«, 1935 die erste vollautomatische Uhr (die bereits ganz ohne Aufziehkrone hergestellt wurde, damit für die Unruh mehr Raum zur Verfügung stand), 1956 die »Memovox« und schließlich 1983 zum 150jährigen Jubiläum des Stammhauses die wunderschöne rechteckige Mondphasenuhr, von der nur 600 Exemplare hergestellt wurden. Natürlich sind dies nur einige Etappen einer langen und erfolgreichen Firmengeschichte.

Longines

In einer kleinen Fabrik an den Ufern der Suze in Saint-Imier erfüllte Ernest Francillon sich den langgehegten Wunsch, unter ein und demselben Dach mehrere Handwerker, die sich auf die Fertigung verschiedener Uhrteile spezialisiert hatten, für sich arbeiten zu lassen. Auf dem Katasterplan waren die Grundstücke, die Francillon für die Ausübung seiner Tätigkeit erworben hatte, als »Les Longines« ausgewiesen, und genauso sollten jene Taschenuhren heißen, die sich wegen ihres außergewöhnlichen und präzisen Uhrwerks auf der ganzen Welt durchsetzten, von China (wo der Name zu »Longjin« wurde) bis New York, wo A. Wittnauer 1890 die Vertretung von Longines übernommen hatte. Die Armbanduhren, die Longines schon im ersten Jahrzehnt des 20. Jahrhunderts anfertigte, setzten sich zunächst hauptsächlich wegen der Raffinesse einiger für Damen bestimmter Modelle durch, die mit Edelsteinen besetzt waren und ein Baguette-Werk hatten. Für diese Modelle wurde Longines 1925, auf dem Höhepunkt der Art Déco-Bewegung, auf der Exposition des Arts Décoratifs mit einem Preis ausgezeichnet. Großen Anklang fanden auch die Präzisionsuhren von Longines, die von Schiffskapitänen und den ersten großen Piloten getragen wurden. Ihrer bedienten sich zum Beispiel Kommandant Byrd bei der Eroberung des Südpols, die Piloten des Luftschiffs Zeppelin und auch Charles Lindbergh, der den Atlantik ohne andere Instrumente als einen Kompaß und eine besondere Longines (die die Uhrzeit von Greenwich-Zeit und den entsprechenden Stundenwinkel anzeigte) überquerte. Obgleich in den nächsten Jahrzehnten auch bei Longines die Stunde der Massenproduktion schlug – die Firma gehört heute zu den ersten Herstellern von Quarzarmbanduhren –, hat das Haus die überdurchschnittliche Qualität und das klassische Design seiner Uhren zu wahren gewußt.

In der ruhmreichen Vergangenheit der Firma (die mit einem überwältigenden Erfolg ihrer Uhren auf der Pariser Weltausstellung 1889 begann) ist ein Höhepunkt ganz besonderer Art zu verzeichnen: In den dreißiger Jahren gewann die Firma den ersten Preis in allen vier Wettbewerben, die von den Observatorien in Neuchâtel und Genf (Schweiz), Teddington (Endland) und Washington (USA) ausgeschrieben worden waren, und zwar nicht nur mit einem bestimmten Uhrwerk oder Modell, sondern mit allen von ihr eingereichten Chronometern. Bis heute ist der Name Longines ein Synonym für höchste Qualität und Ganggenauigkeit – ob am Polarkreis, in den Tropen, an Bord von Flugzeugen oder auf Schiffen.

Movado

Im Esperanto, jener Kunstsprache, der die utopische Vorstellung zugrunde lag, sie könne die Völker vereinen, heißt *movado* »stets in Bewegung«. Diesen bedeutungsvollen Namen gab Achille Ditesheim seiner gemeinsam mit sechs Handwerkern 1881 in La Chaux-de-Fonds gegründeten Firma. Sie fertigte zunächst nur zierliche Damenarmbanduhren an, wartete aber 1912 mit einem kleinen Meisterwerk auf, das Uhrengeschichte machen sollte, der »Polyplan«. Anders als gewöhnliche Uhrwerke, die eine Ebene haben, verteilte sich ihr Werk auf drei Ebenen und ermöglichte so ein gewölbtes Gehäuse, das sich dem Handgelenk anpaßte. Diese Form ist bis in unsere Tage aktuell geblieben. Im Ersten Weltkrieg entwickelte Movado eine Armeeuhr, deren Zifferblatt durch ein Metallgitter geschützt war, eine Idee, die vielfach kopiert werden sollte und auch für andere Modelle, besonders für Sportuhren, weiterentwickelt wurde. Nach demselben Prinzip entstanden 1925 die »Valentino«, ein kleines Schmuckstück des Art Déco, und 1926 die »Ermeto«, eine Uhr von klassischer Schönheit. Ursprünglich als besonders stoßfeste und staubsichere Uhr entwickelt, setzte sich die Ermeto wegen ihres hervorragenden Designs in vielen Variationen durch. In den fünfziger und sechziger Jahren brachte Movado weiter Prestigeuhren auf den Markt, darunter extraflache Uhren und Uhren mit Mondphasenanzeige. Ein Modell aus dem Jahr 1959 wurde in die ständige Sammlung des Museum of Modern Art in New York aufgenommen und erhielt prompt den Namen »Museum«.

Omega

Die erste Uhr dieses Namens wurde 1894 von der Firma Louis Brandt & Fils hergestellt. Der Gründer, Louis Brandt, hatte 1848 in La Chaux-dc-Fonds mit einer Werkstatt zur Montage von Uhrwerken angefangen. Seine Söhne studierten dann die Produktionsweise der amerikanischen Massenindustrie aus der Nähe und rationalisierten nach diesem Vorbild von Grund auf. Dementsprechend war die erste Omega aus auswechselbaren Einzelteilen hergestellt und hatte ein besonderes Kaliber. Der Erfolg war umwerfend. 1900 beschäftigte die Firma bereits 800 Arbeiter und stellte 250000 Uhren her. In Zusammenarbeit mit Tissot, einer seit Anfang des Jahrhunderts auf Luxusuhren spezialisierten Firma, wurden die verschiedensten Modelle angefertigt, und es entstand die »Societé Suisse pour l'Industrie Horlogère«. Omega, eine vielfach preisgekrönte Marke, darf sich rühmen, viele Male offizieller Ausrüster der Olympischen Spiele mit Chronometern gewesen zu sein, angefangen 1936 in Berlin bis 1984 in Los Angeles. Eine Omega »Speedmaster Professional« begleitete Neil Armstrong bei den ersten Schritten eines Menschen auf dem Mond. Das war 1969, und seitdem wird diese Armbanduhr von der NASA immer wieder im Rahmen des Shuttle-Projekts eingesetzt.

In jüngster Zeit hat sich Omega besonders durch eine Armbanduhrenkollektion hervorgetan, die sich, nach dem Firmengründer Louis Brandt benannt, durch die Exklusivität ihrer Modelle auszeichnet. Die 33 Einzelstücke der Kollektion sind von Hand bemalt und ziseliert, und auch die Mechanik ist ausschließlich handgearbeitet. Das Uhrwerk wurde durch einen Gehäuseboden aus Saphirglas sichtbar gemacht. Die Kollektion vereint Technik von höchster Präzision und Funktionalität (alle Modelle sind mit Chronometer, Datums-, Monats- und Wochentagsanzeige und Mondphasenkalender versehen) mit der Schönheit erlesener Schmuckstücke – man denke nur an die prachtvollen Goldarmbänder und die sieben Brillanten, die die Aufzugskrone schmücken.

Neben diesen Modellen, die in den kommenden Jahren mit Sicherheit an Wert gewinnen werden, scheinen uns noch zwei andere Neuheiten bemerkenswert: die »Constellation« und die »Seamaster Titanic«, die einzige Uhr der Welt aus Gold, Palladium und Titan, dem Leichtmetall, das in der Weltraumforschung benutzt wird.

Eine weitere Spitzenleistung der letzten Jahre ist die komplizierteste Tischuhr der Welt, die »Windrose«, die mit Recht einen Platz im Omega-Museum in Bienne erhalten hat, wo nur die Meisterstücke des Hauses ausgestellt werden. In zwölf Jahren geduldiger Feinarbeit fügte Dominique Loiseau die 9000 Einzelteile dieses nur 18 Zentimeter hohen Schmuckstücks zusammen. Von den 32 Funktionen der »Windrose« seien hier nur genannt: Stundenanzeige, die Bewegung der Sterne am Himmel über Bern, New York, Buenos Aires und Sydney, die Tierkreiszeichen, ein bis zum Jahre 2015 vorprogrammierter ewiger Kalender, Mondphasenanzeige, Sonnenauf- und Sonnenuntergang, die Tage der Sonnenwende und der Äquinoktien. In das Goldgehäuse sind Zitate berühmter Dichter eingraviert.

Seit 1971 gehört Omega mit weiteren elf Marken, darunter Hamilton, Tissot, Lanc Cortebert, zum Koloß ESTH.

Patek Philippe & Co.

»Wer unter dem Zeichen der Perfektion geboren ist, wird sein Leben im Schatten der Perfektion verbringen«, lautet das Motto Philippe Sterns, der seit 1966 Generaldirektor von Patek Philippe ist. Wie sehr dieser Spruch zutrifft, beweist die Geschichte des Hauses. Patek Philippe ist ein Firmenname, den Uhrenliebhaber in ähnlicher Weise mit Schönheit und Perfektion in Zusammenhang bringen, wie Autoliebhaber es bei Rolls-Royce tun würden. 1839 gründeten Graf Antoine de Patek, ein polnischer Adliger im Schweizer Exil, und Adrien Philippe, ein junger französischer Uhrmacher, der sich schon damals internationalen Ruhms erfreute, gemeinsam jene Firma, die nach ihrem erklärten Willen die besten Uhren der Welt herstellen sollte. Aus ihrer Werkstatt kamen die ersten Taschenuhren mit Kronen- statt Schlüsselaufzug und 1846 der erste selbständige Sekundenzeiger sowie die erste freie Uhrfeder (die von den meisten Herstellern übernommen wurde) und schließlich im Jahre 1868 die erste Armbanduhr, eine Sonderanfertigung für die ungarische Gräfin Kocevicz. Damit war die Erfolgsserie von Patek Philippe (deren Hauptaktionär seit 1928 die Familie Stern ist) aber noch lange nicht beendet: 1925 und 1926 gab das Observatorium in Genf der Firma den ersten Preis für ihre Präzisionstaschenchronometer, die sogar die Marinechronometer an Ganggenauigkeit übertrafen. (Seit 1900 bekam das Haus 764 Preise von den namhaftesten Observatorien der Welt.) Die Bandbreite der Modelle ist umfassend: Von den Grandes Complications und den Chronographen bis zu den klassisch-schönen Modellen »Münze« oder »Ziegel«, Meisterwerken des Art Déco, und den Kalenderuhren mit Mondphasenanzeige, die der Traum jedes Sammlers und Höhepunkte der großen internationalen Auktionen sind. Patek-Philippe-Uhren werden immer noch von hochqualifizierten Handwerkern und Technikern mit größter Sorgfalt angefertigt. Hinzu kommt eine seit den Nachkriegsjahren intensiv betriebene wissenschaftliche Forschung, die erheblich zur Entwicklung der Quarz- und Elektronikuhren beigetragen hat. Die Firma stellt ungefähr 12000 Uhren im Jahr her.

Piaget

Dieses Familienunternehmen, das mittlerweile von der vierten Generation geleitet wird, wurde 1874 von Georges Piaget in La Côte-aux-Fées gegründet, einem Dorf im Juragebirge, jenem kulturellen und religiösen Zentrum der Schweiz, das auch Mittelpunkt der Uhrmacherkunst ist. Die Firma, die anfangs nur Einzelteile und später auch ganze Uhrwerke herstellte, war in einer ehemaligen protestantischen Kapelle untergebracht. In den folgenden Jahren machte Piaget durch eine Produktion erstklassiger Uhren von sich reden, die nur in kleiner Zahl und ausschließlich im Hause und somit unter Aufsicht der Firma gefertigt wurden. Das Haus produzierte bis heute rund 12000 Modelle, darunter viele erlesene Schmuckuhren. Bis Ende der fünfziger Jahre zeichnete es sich durch extraflache Uhren (unter anderem die flachste Damenuhr der Welt) und Zifferblätter aus Edel- und anderen Schmucksteinen aus. Ein vor wenigen Jahren im Auftrag eines Kunden gearbeitetes Einzelstück, die Uhr »Phöbus«, ist mit 269 Brillanten besetzt, von denen einer, ein besonders schönes hellblaues Exemplar, allein mehr als 300000 Mark wert ist.

Rolex

Was mag Namen wie Fidel Castro, Chris Evert, Reinhold Messner und Placido Domingo verbinden, wenn nicht eine Rolex Uhr? Berühmte Persönlichkeiten, die diese Marke am Handgelenk tragen, finden sich sogar im kommunistischen China. Gegründet wurde dieser Star der Schweizer Uhrmacherkunst (Rolex gehört zu den wenigen Marken, die auch in den letzten Jahren keine Krise kannten) 1905 von M. H. Wilsdorf und dem englischen Kaufmann Davis in London, welche die Armbanduhr auf der Insel in Mode brachten. Die beiden wählten den Firmennamen Rolex, weil er kurz und in jeder Sprache leicht auszusprechen ist. Wilsdorf, der durch sein Werbetalent, seinen Schöpfergeist und seinen Perfektionismus in die Uhrengeschichte einging, verlegte den Sitz der Firma 1919 nach Genf. Genf war sicher der richtige Ort, um Rolex in eine neue Richtung zu lenken, weg von der reinen Massenproduktion und hin zu avantgardistischen Neuerungen, was dazu führte, daß Rolex-Uhren rasch Statussymbole wurden, ein Image, das sich mit den Jahren festigen sollte. Wilsdorf gelang es bereits 1926, eine wasserdichte Armbanduhr zu schaffen, die Oyster; er band sie zu Werbezwecken um das Handgelenk von Mercedes Gleitze, die damit in Rekordzeit den Ärmelkanal durchschwamm. 1931 kam die »Perpetual«, die damals zuverlässigste Automatikuhr, die nach dem Selbstaufzugssystem des Engländers Harwood gefertigt worden war. Seit dieser Zeit wurde Rolex mit ungezählten Preisen für die Zuverlässigkeit und Ganggenauigkeit seiner Uhren ausgezeichnet, und diese begleiteten die schwierigsten Unternehmungen (so trug Edmund Hillary bei der Erstbesteigung des Mount Everest eine Rolex und Jacques Piccard eine, als er die Meerestiefen erforschte). Seit den dreißiger Jahren tat Rolex sich, abgesehen von ein paar besonders begehrten Sammlermodellen wie der »Prince« oder der »Bubbleback«, besonders durch einen sehr individuellen Uhrentyp hervor, der sportlich und robust und zugleich elegant und zeitlos ist. Man erkennt ihn an dem typischen Rolex-Gliederarmband aus Edelstahl und Gold. Von diesem Uhrentyp werden heute 450 000 Stück im Jahr hergestellt. Rolex ist die Schweizer Uhrenfirma mit dem drittgrößten Umsatz. Einige besonders kostbare Modelle der Kollektion »Cellini« werden nur in sehr kleiner Stückzahl hergestellt. Rolex ist übrigens das Schweizer Unternehmen mit dem größten Goldverbrauch: Es verarbeitet jährlich fast zehn Tonnen des edlen Metalls.

Ulysse Nardin

Die Firma, die nach ihrem Gründer Ulysse Nardin benannt ist, stammt aus dem Jahre 1846. 16 Jahre später wurde sie für einen Taschenchronometer auf der Weltausstellung in London preisgekrönt. Dies war der erste von insgesamt 4300 Preisen, die das Haus im Lauf seiner Geschichte erhalten sollte, eine unübertroffene Leistung. Paul David, der Sohn des Gründers, war Spezialist für den Entwurf und die Anfertigung von Marinechronometern und Präzisionsarmbanduhren, und ihm ist auch die Entwicklung der Integral-Unruh zu verdanken. Schon in den zwanziger Jahren eroberte Ulysse Nardin den internationalen Markt für Marinepräzisionsuhren, was dazu führte, daß die Firma, ursprünglich ein Familienbetrieb, zu einer Manufaktur mit über 100 Facharbeitern wurde. Nach dem Krieg übernahm eine neue Nardin-Generation die Leitung des Unternehmens und setzte den Schwerpunkt auf die Herstellung von Automatikuhren, Armbandchronographen und extraflachen Uhren von Spitzenqualität. Die Krise der siebziger Jahre, die durch die Überflutung des Marktes mit Quarzuhren und Uhren mit elektrischem

Schwingerantrieb ausgelöst wurde, warf zwar die Familie Nardin aus dem Sattel, aber die Firma konnte durch Umstellung der Produktion auf Bordchronometer und besonders erlesene Armbanduhren wie die erst kürzlich auf den Markt gebrachte »Astrolabio Galileo Galilei« gerettet werden.

Universal Genève

Die Firma hat sich seit ihrer Gründung unter dem Namen Universal, Perret & Berthoud 1894 in Le Locle durch die Fertigung von Uhrwerken mit Spitzentechnik hervorgetan. 1917 brachte Universal Genève (die Firma hatte sich inzwischen in Genf niedergelassen, was die Namensänderung erklärt) ihren ersten Armbandchronographen auf den Markt, der ein Kaliber mit 17 Linien besaß. 1934 entstand der Chronograph »Universal« mit doppeltem Drücker, eine technische Neuerung, die viele Verwendungsmöglichkeiten mit sich brachte und diese Uhr zum Ahnherrn einer langen Reihe schöner »Tochtermodelle« machte. Als Beispiele seien genannt: die »Uni-compax«, ein relativ einfaches Basismodell, die »Medico-compax« (ein Ärzte-Chronograph, der es ermöglichte, die Pulsfrequenz auf einer Basis von 15 Schlägen zu messen), die »Aero-compax« für Piloten (bei der durch ein zusätzliches Zifferblatt eine bestimmte Stunde festgehalten werden konnte, zum Beispiel die Startstunde) und schließlich die außergewöhnlich attraktive »Tri-compax«, ein seit seinem Erscheinen 1943 immer wieder neu gefertigter Chronograph mit Kalendarium und Mondphasenanzeige, der nach wie vor ein beliebtes Sammlerstück und eines der Meisterstücke der Schweizer Uhrmacherkunst ist.

Vacheron & Constantin

Wie man in den Archiven der Stadtrepublik Genf nachlesen kann, eröffnete ein junger Mann von 24 Jahren namens Jean-Marc Vacheron 1755 eine Uhrmacherwerkstatt in dem malerischen Viertel Saint-Gervais. In Genf gab es damals bereits rund 800 Werkstätten dieser Art, in denen insgesamt 4000 Lehrlinge beschäftigt wurden. Doch die Eleganz und technische Vollkommenheit der Uhren Vacherons erregten bald die Aufmerksamkeit französischer und italienischer Aristokraten. Als 1785 der Sohn des Gründers die Leitung übernahm, wurden Vacheron-Uhren an allen europäischen Höfen bekannt. Aus der Verbindung von Jean Baptiste Vacheron mit seinem Freund François Constantin entwickelte sich die bis heute gültige Philosophie des Hauses, nur Uhren von höchster Qualität und technischer Vollendung zu schaffen. Als George Auguste Leschot, einer der großen Meister der Schweizer Uhrmacherkunst, dem wir übrigens die Perfektionierung der Ankerhemmung verdanken, 1839 die technische Leitung der Firma übernahm, begann man bei Vacheron & Constantin eine Reihe von Maschinen für die mechanische Herstellung der einzelnen Teile des Uhrwerks zu entwickeln, die dadurch noch präziser wurden.

Durch diese Vereinheitlichung der Produktionsweise wurde Vacheron & Constantin zum Vorreiter der modernen Uhrenindustrie. Die Firma war inzwischen über Europa hinaus bekannt geworden; amerikanische Minister begeisterten sich für Uhren von Vacheron & Constantin, und auch in Rio und in Indien wurden die Uhren verkauft. Bei dem ersten vom Genfer Observatorium organisierten Genauigkeitswettbewerb erhielten Vacheron & Constantin-Chronometer höchste Auszeichnungen. Auch trug das Haus maßgeblich dazu bei, daß Armbanduhren nicht nur als Gebrauchsgegenstände, sondern auch als Schmuckstücke gefertigt werden konnten, indem es kleine Uhrwerke entwickelte.

In den dreißiger Jahren wurde Vacheron & Constantin von der Familie Ketterer übernommen, die das Unternehmen noch heute leitet und ihm zu einem der ersten Plätze auf der Rangliste der Hersteller wertvoller Uhren verholfen hat. Für Vacheron & Constantin begann nun ein goldenes Zeitalter, denn aus dieser Zeit stammen die Modelle mit legendärem Design, die Schmuckuhren, Chronometer und Grandes Complications, von denen der Sammler heute träumt. Wie wir an den ewigen Kalendern, den Automatikuhren und den anderen Modellen von den Basler Messen sehen können, dauert dieser Erfolg weiter an. Ein Grund dafür ist die intensive Forschung, die zu Höchstleistungen wie dem flachsten Uhrwerk der Welt (1,64 mm) und einem superflachen automatischen Uhrwerk (2,45 mm) geführt hat. Firmenpolitik des Hauses ist nach wie vor, nur kostbare, einzigartige Stücke zu produzieren – pro Jahr werden nicht mehr als 9000 Uhren hergestellt, und diese werden in der ganzen Welt in nur 427 Geschäften verkauft. Dazu der Präsident Jacques Ketterer: »Das Motto unserer Uhrmachermeister und Goldschmiede ist: Nach Möglichkeit noch weiter verbessern. Und es ist immer möglich.«

Zenith

1865 gründete der 22jährige George Favre-Jacot eine kleine Uhrenfabrik in Le Locle, und schon Ende des Jahrhunderts erfreuten sich die erstklassigen Uhren dieses Namens großer Beliebtheit. James Favre, ein Neffe des Gründers, rief dann in der ganzen Welt, von Rußland bis Japan und von China bis Amerika, Niederlassungen ins Leben. Das Unternehmen wurde 1911 in eine Aktiengesellschaft mit Hauptsitz in Genf umgewandelt und erhielt den Namen Zenith. Seit jeher berühmt für besonders kunstvolle Uhren, sind heute auch die klassischen und in großer Anzahl gefertigten Armbanduhren begehrt. Zwischen den beiden Weltkriegen erhielt Zenith über 250 Preise von den bedeutendsten Observatorien der Schweiz. Als Beispiel für die vielen Spitzenmodelle sei hier »El Primero« genannt, der erste automatische Chronograph mit extrem hoher Schwingungszahl (36000 Schwingungen in der Stunde).

Links: Die Stempel, mit denen Schweizer Armbanduhrgehäuse aus Edelmetallen gestempelt werden. Rechts: Stempel der Armbanduhrgehäuse aus anderen Ländern. (Mit freundlicher Genehmigung der Vereinigung der Schweizer Uhrenindustrie.)

Oro			Argento		Platino
750	585	375 *	925	800	950
«Helvetia»	«Ecureuil»	«Morgenstern»	«Canard»	«Coq de bruyère»	«Bouquetin»

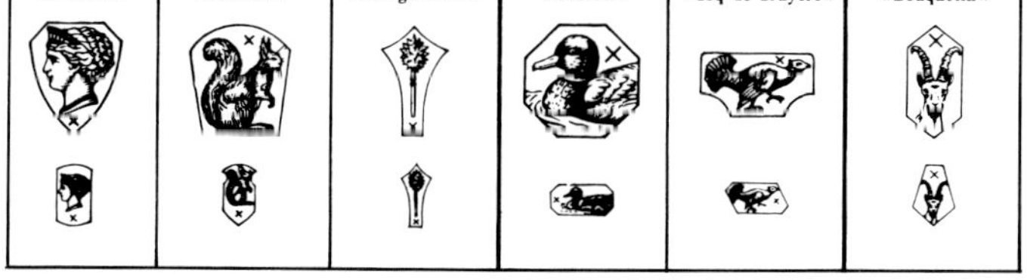

Oro			Argento		Platino
750	585	375	925	800	950
«Lynx 1»	«Lynx 2»	«Titre bas»	«Gentiane 1»	«Gentiane 2»	«Tête de lièvre»

Die Zeiger-Formen

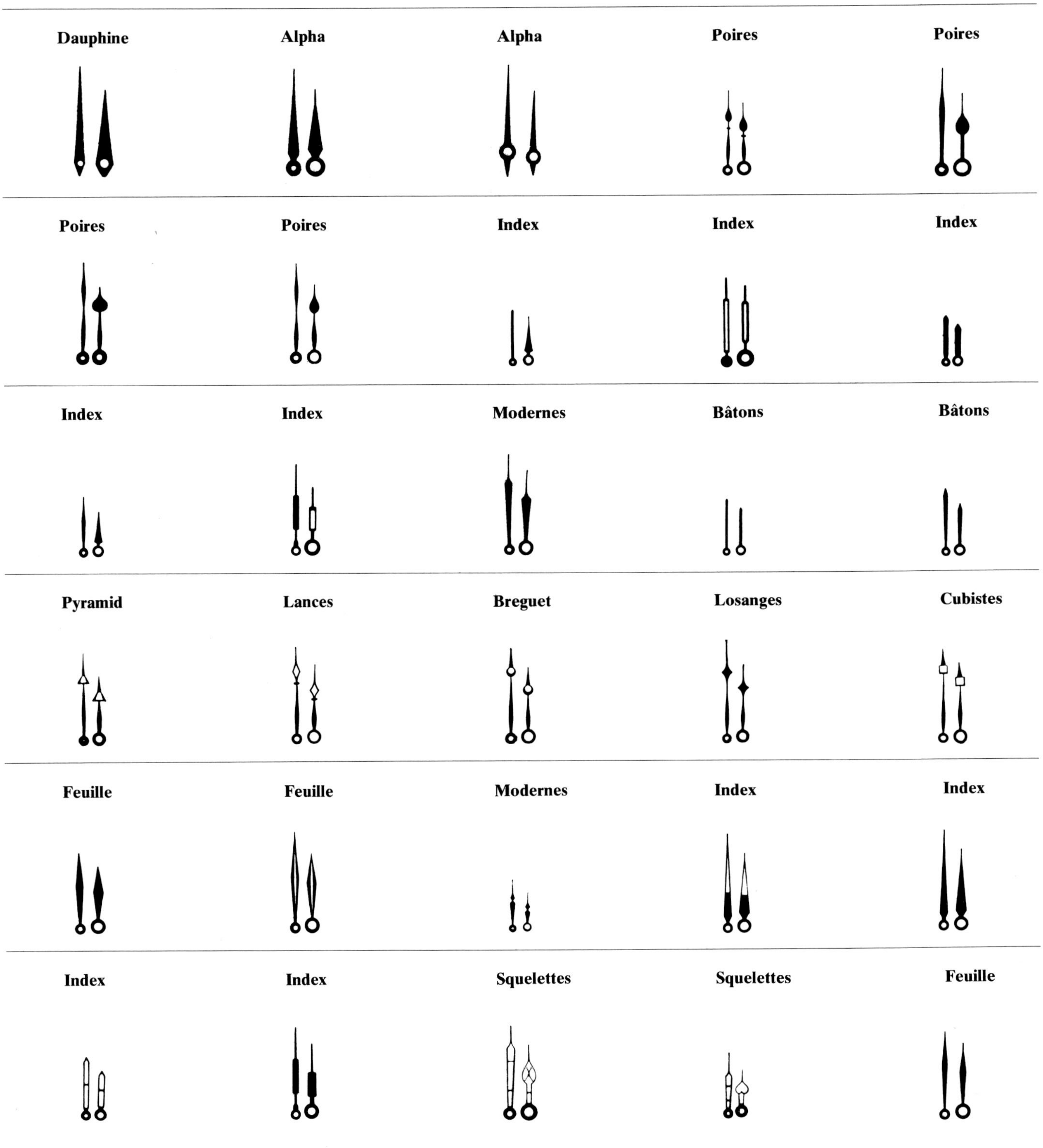

Beispiele schöner Armbanduhren vergangener Jahrzehnte

Ärzte-Chronograph.
Rundes Gehäuse (Durchmesser 32 mm) aus 18 Kt. Gelbgold mit olivenförmigen Drückern, rosa und champagnerfarbenem Zifferblatt mit vergoldetem Ziffernring. Minutenzähler und Pulsometerskala auf 30-Sekunden-Basis. Alpha-Zeiger in Stahl. Rhodiniertes Uhrwerk, 13''', mit Breguet-Spirale und Bimetallunruh. Nr. 43787. Vierziger Jahre.

2

Ein seltenes »Springer«-Modell mit rechteckigem Scharniergehäuse in poliertem und satiniertem Platin. Im oberen Fenster erscheinen die Stunden, im unteren die Minuten. Rhodiniertes rundes Uhrwerk, 8 ¾''', 18 Steine. Breguet-Spirale und Bimetallunruh, Feinregulierung in 8 Lagen.
Das kleine Foto zeigt die Drehscheiben der Stunden- und Minutenanzeige und das Uhrwerk in frontaler Ansicht und Originalgröße. Dreißiger Jahre.

3

Eine flache Armbanduhr (Höhe maximal 4,2 mm) mit Gehäuse aus 18 Kt. Gold (Durchmesser 35,2 mm), einem breiten geriffelten Außenring und verdeckten Anstößen. Mattversilbertes Zifferblatt mit konzentrischen Goldkreisen und goldenen Bâtons-Zeigern. Die Aufzugskrone ist versenkt. Rhodiniertes Uhrwerk mit getrennten Brücken, 9''', 17 Steine. Flachspirale und monometallische Unruh, feinreguliert in 4 Lagen und bei verschiedenen Temperaturen. Nr. 66683.
Das Foto rechts zeigt Uhrwerk und Gehäuse in Originalgröße. Fünfziger Jahre.

4

Rundes Gehäuse (Durchmesser 29 mm) in 18 Kt. Gelb- und Weißgold. Charakteristisch für das Modell sind die in die Lünette eingesetzten Stundenstriche aus Saphiren. Soleilversilbertes Zifferblatt mit goldenen Bâtons-Zeigern. Rhodiniertes Uhrwerk, 9 ½''', mit 18 Steinen und Goldrädern. Breguet-Spirale und monometallische Unruh, feinreguliert in 8 Lagen. Nr. 556449. Vierziger Jahre.

5

Seltener Chronograph mit Schleppzeiger (Rattrapante). Gehäuse aus 18 Kt. Gelbgold (Durchmesser 35,5 mm) mit tropfenförmigen Anstößen und olivenförmigen Drükkern. Mattversilbertes Zifferblatt mit Tachymeter-Skala, Minuten- und Zwölf-Stunden-Zähler. Aufgelegte goldene Stundenmarkierungen und Bâtons-Zeiger. Rhodiniertes Uhrwerk, 13''', mit 20 Steinen. Breguet-Spirale und Glucydur-Unruh, feinreguliert in 8 Lagen. Nr. 46978. Vierziger Jahre.

6

Rechteckige Uhr aus 18 Kt. Gold mit bandförmig verzierten Anstößen, (Breite mit Aufzugskrone 24 mm), Soleil-Zifferblatt mit aufgelegten goldenen Ziffern, Stundenmarkierungen und Bâtons-Zeigern. Rhodiniertes tonneauförmiges Werk mit getrennten Brücken, 8 ¾''', 18 Steine. Breguet-Spirale und monometallische Unruh, feinreguliert in 4 Lagen, bei verschiedenen Temperaturen.
Das Foto links zeigt das Uhrwerk in Originalgröße. Nr. 53687. Fünfziger Jahre.

7

Ein Modell mit 18 Kt. Goldgehäuse (Durchmesser 35 mm) und besonders markanten Anstößen. Außergewöhnliche Sekundenanzeige auf der Höhe der Stunde 9. Weißes Zifferblatt mit aufgelegten goldenen Ziffern, Stundenmarkierungen und Bâtons-Zeigern. Rhodiniertes Uhrwerk 11 ¼'''. Breguet-Spirale und monometallische Unruh.
Das Foto rechts zeigt das Uhrwerk in Originalgröße. Zweite Hälfte vierziger Jahre.

8

Seltenes Modell mit komplettem Kalendarium und Mondphasenanzeige. 18 Kt. Goldgehäuse (24 × 36 mm) mit kegelförmigen Anstößen. Das Zifferblatt ist mattversilbert mit aufgelegten Goldziffern und goldenen Bâtons-Zeigern. Die Zeiger der Kalendarien sind aus brüniertem Stahl. Vierziger Jahre.

Uhrwerk und Gehäuseboden des vorhergehenden Modells. Das Uhrwerk ist rhodiniert, 9''', 18 Steine. Breguet-Spirale und monometallische Unruh, feinreguliert in 8 Lagen. Nr. 55892.

9

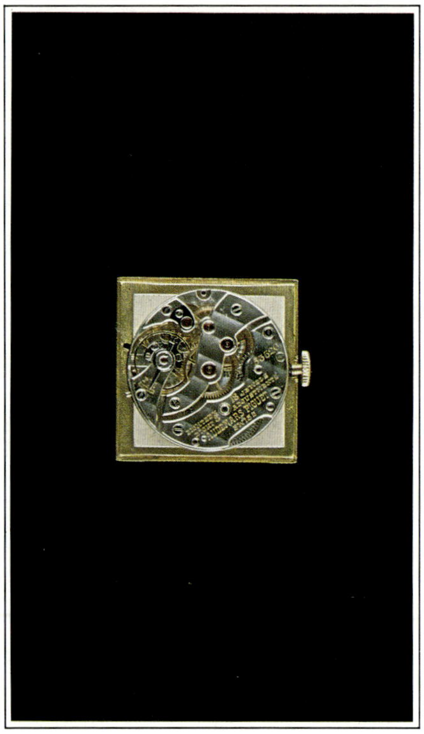

Quadratisches Modell vom »Tank«-Typ in 18 Kt. Gold (Breite mit Aufzugskrone 26,2 mm). Mattversilbertes Zifferblatt mit aufgelegten goldenen Stundenmarkierungen und goldenen Feuille-Zeigern. Rundes rhodiniertes Uhrwerk mit getrennten Brücken, 9 ½''', 18 Steine. Breguet-Spirale mit monometallischer Unruh, feinreguliert in 8 Lagen. Nr. 153526. Das Foto links zeigt das Uhrwerk in Originalgröße. Mitte der fünfziger Jahre.

10

Viereckiges Gehäuse (Breite 28,8 mm) aus 18 Kt. Weißgold mit abgerundeten Ecken und versenkter Aufzugskrone. Mattversilbertes Zifferblatt mit aufgelegten Stundenmarkierungen aus Weißgold und goldenen Bâtons-Zeigern. Rundes rhodiniertes Uhrwerk mit getrennten Brücken, 9''', 18 Steine. Flachspirale und monometallische Unruh, Feinregulierung in 4 Lagen. Incabloc-Stoßsicherung und goldene Räder. Nr. 77195.
Das Foto rechts zeigt das Uhrwerk in Originalgröße. Fünfziger Jahre.

11

Chronograph mit Gehäuse aus 18 Kt. Rotgold (Durchmesser 31 mm), der sich durch eine auffallend große Aufzugskrone und olivenförmige Drücker auszeichnet. Champagnerfarbenes Zifferblatt mit Tachymetereinteilung, Stunden- und Minutenzähler. Aufgelegte Goldziffern und Stundenmarkierungen und goldene Bâtons-Zeiger. Klassisch geformte Anstöße. Vierziger Jahre.

Gehäuseboden und Uhrwerk des vorhergehenden Modells. Rhodiniertes Uhrwerk, 12''', mit Breguet-Spirale und monometallischer Unruh. Nr. 44636. Auffallend sind die gravierte Widmung auf der Innenseite des Gehäusebodens und die Seriennummer, die mit der des Uhrwerks übereinstimmt.

12

Modell mit gewölbtem Scharniergehäuse (22,8 × 38,2 mm) aus 18 Kt. Gold. Soleilversilbertes Zifferblatt mit gleisförmig angelegter Minutenanzeige und großen Leuchtziffern. Breguet-Zeiger aus brüniertem Stahl. Rundes rhodiniertes Uhrwerk, 17 Steine, getrennte Brücken. Breguet-Spirale und Bimetallunruh, feinreguliert in 2 Lagen und bei verschiedenen Temperaturen. Nr. 35901. Zwanziger Jahre.

Modell mit rechteckigem Gehäuse aus 18 Kt. Rotgold (24 × 30 mm). Charakteristisch sind die schloßartigen Anstöße. Das Zifferblatt ist schwarz mit vergoldeten aufgelegten Stunden- und Minutenmarkierungen und Index-Zeigern. Ovales rhodiniertes Uhrwerk mit 17 Steinen. Flachspirale und monometallische Unruh.
Das untere Foto zeigt eine vergrößerte Teilansicht mit den Anstößen und den aufgelegten Minutenmarkierungen. Fünfziger Jahre.

14

Seltener Chronograph mit quadratischem Gehäuse (25,5 mm) in 18 Kt. Rotgold und kleinen Anstößen. Auffallend große Drücker. Schwarzes Zifferblatt mit Telemeter, Stunden- und Minutenzähler. Vergoldete Bâtons-Zeiger. Rhodiniertes rundes Uhrwerk, 10 ½’’’, 17 Steine. Breguet-Spirale und monometallische Unruh. Erste Hälfte der vierziger Jahre.

15

Ein seltenes Modell mit Kalendarium und Mondphasenanzeige. Gehäuse (23,5 × 41 mm) in 18 Kt. Rotgold mit gravierter Strichmarkierung der Stunden am Gehäuserand. Mattversilbertes Zifferblatt mit brünierten Bâtons-Zeigern. Das Uhrwerk (hergestellt von der European Watch Company) ist rhodiniert und achteckig, 15 Steine. Flachspirale und monometallische Unruh. Nr. 436942. Frühe vierziger Jahre.

16

Ein originelles rhombusförmiges Modell mit Gehäuse aus 14 Kt. Gold (23 × 42,5 mm). Mattversilbertes Zifferblatt mit schräg aufgelegten Ziffern, die das Ablesen der Zeit vereinfachen. Vergoldete Bâtons-Zeiger und zehneckiges rhodiniertes Uhrwerk von Le Coultre. Flachspirale und monometallische Unruh, 17 Steine. Nr. 66329. Das kleine Foto zeigt das eigentümlich geformte Uhrwerk in starker Vergrößerung. Dreißiger Jahre.

17

Besonders schöne »Mysterieuse«-Uhr mit Gehäuse (Durchmesser 32 mm) in 18 Kt. Rotgold und Glas. Die Strichmarkierung der Stundenanzeige ist in die Lünette graviert, das Armband ist auf besondere Weise an den Anstößen befestigt. Bâtons-Zeiger in Gold. Rundes »Duoplan«-Uhrwerk mit Aufzugskrone unterhalb des Gehäusebodens. Flachspirale und monometallische Unruh.
Das Foto rechts zeigt den Gehäuseboden in Originalgröße. Sechziger Jahre.

18

Ein originelles »Dreh«-Modell mit 2 Zifferblättern (einem weißen und einem roséfarbenen) und 2 Uhrwerken, wodurch das Ablesen der Uhrzeit in verschiedenen Zeitzonen möglich wird. Die Zifferblätter unterscheiden sich nur in der Farbgebung; beidseitig brünierte Bâtons-Zeiger. Original Cartier-Armbandverschluß. Sechziger Jahre.

19

Klassisches »Tank«-Modell mit farblich abgehobenen Emailbändern. Das Gehäuse ist aus 18 Kt. Gold, die Aufzugskrone mit einem Saphir-Cabochon besetzt. Auffallend sind die an den Seiten des Modells angebrachten kleinen Schrauben, die das Gehäuse fixieren. Mattversilbertes Zifferblatt mit brünierten Breguet-Zeigern. Das Uhrwerk von European Watch ist rund, rhodiniert und mit getrennten Brücken. Mitte der dreißiger Jahre.

Ein Chronograph mit Gehäuse aus 18 Kt. Rotgold (Durchmesser 36 mm). Charakteristisch sind die auffallend großen Anstöße in »Spinnenbein«-Form. Mattversilbertes Zifferblatt mit Pulsometer und Minutenzähler. Bâtons-Zeiger in brüniertem Stahl. Rhodiniertes Uhrwerk, 14''', 17 Steine. Breguet-Spirale und monometallische Unruh. Vierziger Jahre.

21

Chronograph des Typs »Olympico« mit Gehäuse in 18 Kt. Roségold (Durchmesser 35 mm) und klassisch geformten Anstößen. Das Zifferblatt ist soleilversilbert; Tachymetereinteilung und Teil-Telemeter. Minuten- und Zwölf-Stunden-Zähler. Aufgelegte goldene Stundenmarkierungen und vergoldete Bâtons-Zeiger. Rhodiniertes Uhrwerk, 13''', 17 Steine. Flachspirale und monometallische Unruh.
Das kleine Foto zeigt eine vergrößerte Abbildung des Uhrwerks. Ende der fünfziger Jahre.

Eine automatische Uhr mit Datums- und Mondphasenanzeige. Quadratisches Gehäuse (Breite 31 mm) aus Walzgold-Doublé, mit versenkter Aufzugskrone. Das Zifferblatt ist mattversilbert mit aufgelegten goldenen Stundenmarkierungen und vergoldeten Dauphine-Zeigern. Rundes rhodiniertes Uhrwerk, 11 ¼''',
25 Steine. Flachspirale und Bimetallunruh, feinreguliert in 2 Lagen. »Incabloc« Stoßsicherung und mikrometrische Feinregulierung. Das kleine Foto links zeigt das Uhrwerk in Originalgröße. Fünfziger Jahre.

23

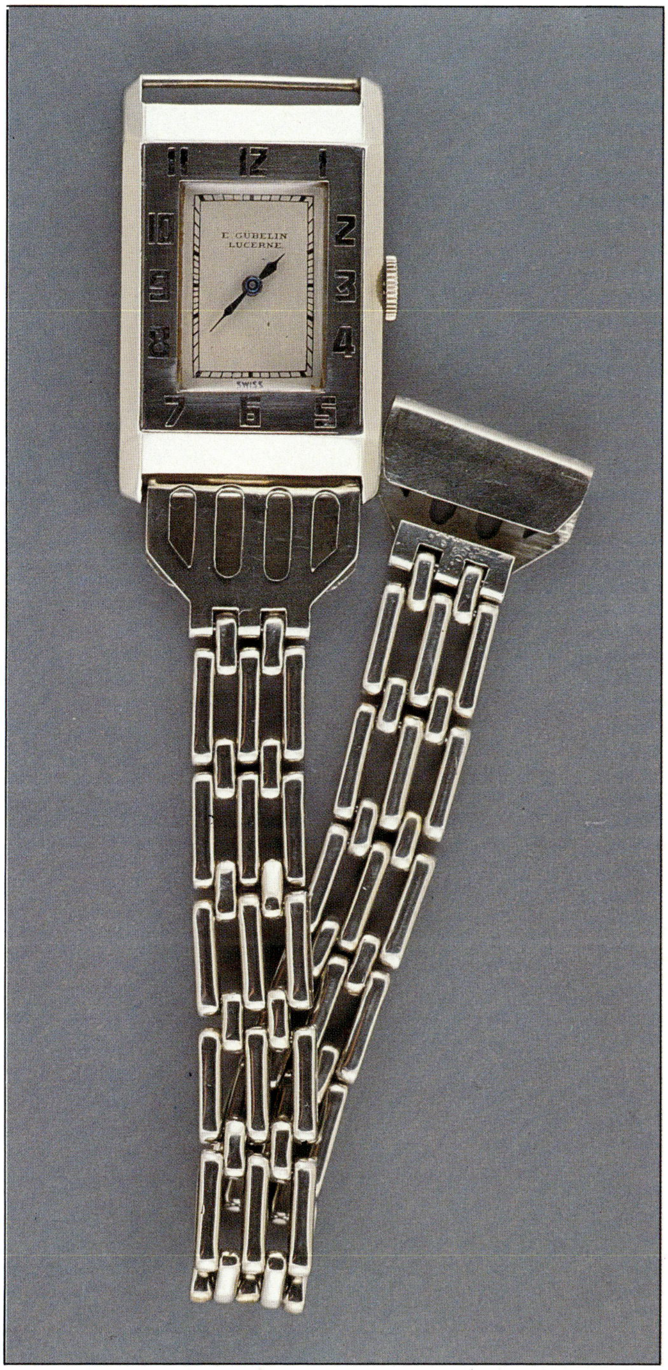

Ein Modell mit Originalarmband in 18 Kt. Weißgold. Rechteckiges Gehäuse (22 × 35,5 mm) mit gravierten emaillierten Ziffern. Mattversilbertes Zifferblatt mit gleisförmig angelegter Strichmarkierung für die Minutenanzeige und Moderne-Zeiger in brüniertem Stahl. Fein-Nickel-Tonneau-Werk 6 ¾''', mit getrennten Brücken und 17 Steinen. Flachspirale und Bimetallunruh, feinreguliert in 2 Lagen und bei verschiedenen Temperaturen.
Das Foto links zeigt die eingravierten Ziffern. Vierziger Jahre.

24

Ein wasserdichter Chronograph in besonders massiver 18 Kt. Gold-Ausführung (Durchmesser 38 mm) mit großer Aufzugskrone. Zifferblatt mit Minuten- und Zwölf-Stunden-Zähler in Schwarz. Goldene aufgelegte Stundenmarkierungen und Feuille-Zeiger in Gold. Rhodiniertes Uhrwerk, 13''', 17 Steine (staubsicherer Gehäuseboden). Breguet-Spirale und monometallische Unruh, feinreguliert in 2 Lagen. Fünfziger Jahre.
Das kleine Foto zeigt das Uhrwerk in Originalgröße.

Eines der ersten »Mark XI«-Modelle. Eine Uhr, die nach langer Erprobung von einigen Luftstreitkräften eingesetzt wurde. Das Gehäuse ist aus satiniertem, nicht reflektierendem Stahl (Durchmesser 39 mm). Das Zifferblatt ist mattschwarz mit weißen Ziffern und Leuchtmarkierungen. Ebenfalls leuchtende Index-Zeiger und zentrale Sekundenanzeige, 12''', 16 Steine. Breguet-Spirale und mono-

26

Eine der wenigen modernen Armbanduhren, die aus einer Taschenuhr entwickelt wurden. Stahlgehäuse (Durchmesser 42 mm) mit versilbertem Zifferblatt, Relief-Ziffern und Louis XVI-Zeigern. Rhodiniertes Uhrwerk mit getrennten Brücken, 17''', ursprünglich für eine Taschenuhr hergestellt. Breguet-Spirale und monometallische Unruh mit mikrometrischer Feinregulierung. Incabloc-Stoßsicherung. Das untere Foto zeigt das Uhrwerk vergrößert. Fünfziger Jahre.

27-28

Links eine Uhr mit rundem Gehäuse (Durchmesser 35 mm) in 18 Kt. Gold mit tropfenförmigen Anstößen. Mattversilbertes Zifferblatt mit aufgelegten Markierungen und Index-Zeigern. Rhodiniertes Uhrwerk, 11''', mit getrennten Brükken. Breguet-Spirale und monometallische Unruh. Incabloc-Stoßsicherung. Vierziger Jahre.

Daneben ein viereckiges Modell mit abgerundeten Ecken des Typs Carré galbé mit Scharniergehäuse (Breite 30 mm) in 900er Silber, gearbeitet mit Niello-Email. Champagnerfarbenes Zifferblatt mit Leuchtziffern und -zeigern. Rundes rhodiniertes Uhrwerk, 11''', mit Breguet-Spirale und monometallischer Unruh. Dreißiger Jahre.

29

Rechteckiges Gehäuse (Breite 24 mm) in 14 Kt. Gold mit gewölbtem Gehäuseboden und kleinen Anstößen. Mattversilbertes Zifferblatt mit Reliefziffern und vergoldeten Bâtons-Zeigern. Rhodiniertes Tonneau-Werk, 10''', 16 Steine. Breguet-Spirale und monometallische Unruh. Nr. 997119.
Das kleine Foto zeigt das Uhrwerk stark vergrößert.
Ende der dreißiger Jahre.

30-31- 32

Drei rechteckige Armbanduhren mit Gehäusen (22 × 39 mm) aus »Staybrite«-Metall. Das rechte Modell hat stufenförmige Anstöße, welche die Befestigung des Armbands verdecken. Die Zifferblätter sind mattversilbert bzw. schwarz mit Bâtons-Zeigern (schwarz oder weiß) und Index-Zeigern. Alle drei Armbanduhren haben das gleiche rhodinierte Tonneau-Werk, 8 ¾''', mit Breguet-Spirale und monometallischer Unruh. Sie stammen aus den dreißiger Jahren.

33-34

Zwei Damenarmbanduhren. Links mit Scharniergehäuse (Durchmesser 39,5 mm) in 14 Kt. Gold mit fixierten Anstößen und mittels Fingernagel auszuführender Einstellung der Uhrzeit. Emailzifferblatt mit brünierten Feuille-Zeigern. Vergoldetes Uhrwerk, 11''', mit Breguet-Spirale und monometallischer Unruh. Zwanziger Jahre.

Daneben ein viereckiges Modell mit abgerundeten Ecken des Typs Carré galbé (Breite 26 mm), mit Scharniergehäuse in 900er Silber und Emailzifferblatt mit brünierten Bâtons-Zeigern. Vergoldetes Uhrwerk, 10''', mit getrennten Brücken. Breguet-Spirale und Bimetallunruh.
Zwanziger Jahre.

Drei »Duoplan«-Armbanduhren aus Gelbgold, Stahl und Gold und Rotgold. Die Zifferblätter der beiden rechten Uhren sind, bis auf die Farbe, gleich. Rhodinierte Baguette-Uhrwerke, 4''', mit 15 Steinen. Flachspirale und monometallische Unruh, Feinregulierung in 2 Lagen. Aufzug und Zeiteinstellung

38

Modell mit Datums- und Mondphasenanzeige. Stahlgehäuse (Durchmesser 36 mm) mit tropfenförmigen Bügeln. Roséfarbenes Zifferblatt in zwei verschiedenen Farbtönen mit aufgelegten Stundenmarkierungen aus Gold. Vergoldete Dauphine-Zeiger. Vergoldetes Uhrwerk, 12''', 15 Steine. Flachspirale und monometallische Unruh mit Stoßsicherungsvorrichtung. Nr. 482102.
Auf dem kleinen Foto ist das Stoßsicherungssystem auf der Unruhachse deutlich zu erkennen. Fünfziger Jahre.

39

Eine Uhr mit Gehäuse (Breite 20,5 mm) in 14 Kt. Gold mit Bügeln, die die Befestigung des Armbands teilweise verdecken, und geschliffenem Glas. Mattversilbertes Zifferblatt mit Reliefziffern. Vergoldete Index-Zeiger. Rhodiniertes Tonneau-Werk, 7 ½ ''', 17 Steine. Flachspirale und monometallische Unruh. Nr. 259304. Vierziger Jahre.

40-41

Zwei Armbanduhren des Typs »Reverso«. Oben: Ein Herrenmodell mit Gehäuse (28,3 × 39,8 mm) in 18 Kt. Gold mit weißem Zifferblatt und brünierten Moderne-Zeigern. Rhodiniertes Tonneau-Werk, 7½''', 15 Steine, mit monometallischer Unruh. Unten: Ein Damenmodell mit Stahlgehäuse (16 × 33 mm), mattversilbertem Zifferblatt und Reliefziffern. Brünierte Moderne-Zeiger. Rhodiniertes Tonneau-Werk, 17 Steine. Beide Modelle stammen aus den vierziger Jahren.

42-43

Zwei rechteckige Modelle mit Datumsanzeige. Oben: Leicht eingebuchtetes Gehäuse in 18 Kt. Gelbgold. Unten: Stahlgehäuse von identischer Form. Sehr ähnliche Ausführung der Zifferblätter, die in unterschiedlichen Tönen mattversilbert sind. Bâtons-Zeiger und Index-Zeiger vergoldet bzw. aus brüniertem Stahl. Identische Tonneau-Werke, 7''', 17 Steine, mit monometallischer Unruh und Breguet-Spirale. Vierziger Jahre.

44

Eine »Duoplan«-Armbanduhr mit Scharniergehäuse (15 × 33,2 mm) aus 18 Kt. Gold und speziell geformten Anstößen, die die Befestigung des Armbands verdecken. Zweifarbiges mattversilbertes Zifferblatt mit aufgelegten goldenen Stundenmarkierungen und Index-Zeigern. Rechteckiges vergoldetes Uhrwerk mit Flachspirale und monometallischer Unruh. Nr. 343654.
Das Foto rechts zeigt die auf dem Gehäuseboden angebrachte Aufzugskrone. Dreißiger Jahre.

45

Ein weiteres »Duoplan«-Modell mit rechteckigem Gehäuse (16 × 35 mm) in 18 Kt. Gold mit halbkugelförmigen Anstößen. Zweifarbiges mattversilbertes Zifferblatt mit großen aufgelegten goldenen Stundenmarkierungen und ebenfalls goldenen Bâtons-Zeigern. Vergoldetes, rechteckiges Uhrwerk, 4 ¾''', Flachspirale und monometallische Unruh. Das Foto links zeigt das für »Duoplan«-Modelle besonders typische Uhrwerk stark vergrößert (Originalgröße 10,8 × 23 mm). Vierziger Jahre.

46

Ärztechronograph mit Gehäuse aus 18 Kt. Rotgold (Durchmesser 32 mm) und klassisch geformten Bügeln. Mattversilbertes Zifferblatt mit Pulsometer-Einteilung (Basis 30), aufgelegten Goldpunktmarkierungen, Minutenzähler und goldenen Bâtons-Zeigern. Rhodiniertes Uhrwerk, 13''', mit Breguet-Spirale und monometallischer Unruh. Nr. 128661. Fünfziger Jahre.

47

Ein klassisches »Reverso«-Modell aus Stahl und Gold. Gehäuse (22 × 38 mm) aus 18 Kt. Gold. Schwarzes Zifferblatt mit Sekundenring innerhalb der Stundenmarkierung und Zentralsekunde. Aufgelegte Ziffern und Bâtons-Zeiger. Rhodiniertes Tonneau-Werk, 7 ½''', 15 Steine. Breguet-Spirale und monometallische Unruh. Vierziger Jahre.

48-49

Zwei wasserdichte Chronographen mit geschraubtem Gehäuse aus Stahl und mit runden Drückern. Oben: ein Modell (Durchmesser 39,5 mm) mit Minutenzähler durch roten Zentralzeiger und Zwölf-Stunden-Zähler. Unten ein Modell (Durchmesser 38,3 mm) mit abgestufter Lünette und Minutenzähler.

50-51

Zwei antimagnetische Chronographen mit geschraubtem Gehäuse. Oben: Gehäuse (Durchmesser 37,7 mm) aus satiniertem Stahl mit gebogenen Anstößen und runden Drückern. Mattversilbertes Zifferblatt in zwei Farbtönen mit Tachymeter- und Telemetereinteilung. Brünierte Feuille-Zeiger.

Unten: Gehäuse (Durchmesser 37 mm) in 18 Kt. Gelbgold mit hervorgehobener Lünette und kantigen Anstößen. Identische Gestaltung des Zifferblatts. Beide Modelle vierziger Jahre.

52

Ein originelles asymmetrisch geformtes Modell. Das Gehäuse (Breite 25,5 mm) ist aus Walzgold-Doublé. Mattversilbertes Zifferblatt mit Reliefziffern und vergoldeten Feuille-Zeigern. Rundes rhodiniertes Uhrwerk, 8 ¾''', 17 Steine. Breguet-Spirale und Bimetallunruh, feinreguliert in einer Lage. Nr. 5696358.
Das Foto links zeigt das Uhrwerk in Originalgröße. Vierziger Jahre.

53

Modell mit Scharniergehäuse (Breite 27 mm) aus Platin vom sogenannten »Curvex«-Typ. Aufgelegte weißgoldene Ziffern und Romaine-Zeiger. Rundes rhodiniertes Uhrwerk mit getrennten Brücken, 10''', 15 Steine. Flachspirale und Bimetallunruh. Feinreguliert in 3 Lagen. Nr. 4972792.
Das Foto rechts zeigt das Uhrwerk in Originalgröße. Ende der dreißiger Jahre.

54

Rechteckige Armbanduhr mit Gehäuse (20 × 42 mm) aus 18 Kt. Gelb- und Rotgold. Mattversilbertes Zifferblatt mit Moderne-Zeigern, aus brüniertem Stahl. Rhodiniertes Tonneau-Uhrwerk, 6 ¾''', 17 Steine. Breguet-Spirale und Bimetallunruh. Nr. 6497874.
Das untere Foto zeigt einen stark vergrößerten Ausschnitt mit den besonders auffallenden »faßförmigen« Anstößen. Dreißiger Jahre.

55

Chronograph mit einer Aufzugskrone für alle Funktionen. Doppel-Boden-Scharniergehäuse (Durchmesser 35 mm) aus 18 Kt. Gold. Emailzifferblatt mit Tachymetereinteilung (in Blau und Schwarz) und Telemetereinteilung (in Rot). Minutenzähler und vergoldete Breguet-Zeiger. Ebenfalls vergoldetes Uhrwerk, 12''', mit Breguet-Spirale und Bimetallunruh. Nr. 5016662. Dreißiger Jahre.
Das Foto rechts zeigt das Uhrwerk in Originalgröße.

56

Ein »technisches« Modell (für Piloten, Navigatoren etc.) mit drehbarer Lünette, die durch einen Federhebel an den Anstößen fixiert wird. Das Gehäuse (Durchmesser 32 mm) ist aus poliertem Stahl. Mattversilbertes Zifferblatt mit Zentralsekunde und brünierten Feuille-Zeigern. Vergoldetes Uhrwerk mit getrennten Brücken, 11 ¼''', 15 Steine. Flachspirale und Bimetallunruh. Nr. 5437916. Vierziger Jahre.

57

Eine Fliegeruhr, die dem Modell »Lindbergh« nachempfunden wurde. Die innere graue Drehscheibe (sie wird durch die Krone auf der Höhe der römischen Ziffer II bedient) und die Lünette (die in 15 Grade unterteilt ist, die der Erdumdrehung in einer Stunde entsprechen) zeigen den Greenwich-Sonnenzeitwinkel an. Gehäuse in Walzgold-Doublé. Rhodiniertes Uhrwerk mit getrennten Brücken, 10''', 15 Steine. Breguet-Spirale und monometallische Unruh. Nr. 5934136. Dreißiger Jahre.

58

Wasserdichter Chronograph mit Gehäuse (Durchmesser 40,5 mm) aus 18 Kt. Rotgold. Soleil-Zifferblatt mit aufgelegten goldenen Stundenmarkierungen und Bâtons-Leuchtzeigern. Tachymeter-, Telemetereinteilung und Minutenzeiger. Rhodiniertes Uhrwerk, 13''', 18 Steine. Breguet-Spirale und monometallische Unruh mit Stoßsicherungssystem. Nr. 0647744.
Das Foto links zeigt das Uhrwerk in Originalgröße. Sechziger Jahre.

59

»Duodial«-Uhr mit rechteckigem Gehäuse (19,5 × 36,5 mm) aus 18 Kt. Gold. Zweifarbiges Zifferblatt mit brünierten Feuille-Zeigern. Rhodiniertes Baguette-Werk mit getrennten Brücken. Breguet-Spirale und Bimetallunruh. Nr. 5396441. Das Foto rechts zeigt das Uhrwerk in Originalgröße. Dreißiger Jahre.

60

Chronograph mit Gehäuse (Durchmesser 39 mm) aus 9 Kt. Rotgold. Mattversilbertes Zifferblatt mit Tachymetereinteilung. Minutenzähler durch den zentralen roten Zeiger und 12-Stunden-Zähler. Brünierte Feuille-Zeiger. Vergoldetes Uhrwerk, 13''', mit Breguet-Spirale, monometallischer Unruh und Stoßsicherungssystem. Vierziger Jahre.

Ein Ärztechronograph, der für Caldwell hergestellt wurde. Viereckiges Gehäuse mit abgerundeten Ecken des Typs Carré galbé in 14 Kt. Gold mit kleinen Anstößen und einem einzigen Drücker (auf der Abzugskrone) für alle Funktionen des Chronographen. Weißes Zifferblatt mit Pulsometereinteilung und Minutenzähler. Brünierte

62

Eine seltene »Polyplan«-Armbanduhr. Das Prinzip stammt aus dem Jahr 1912 und zeichnet sich dadurch aus, daß sich das Uhrwerk auf drei verschiedene Ebenen verteilt. Tonneaugehäuse (19 × 44 mm) aus Weißgold mit 18 Kt. roségoldenem Gehäuseboden. Das längliche und gewölbte Gehäuse paßt sich dem Handgelenk an. Die Aufzugskrone befindet sich zwischen den oberen Anstößen. Mattversilbertes Zifferblatt mit aufgelegten goldenen Ziffern und Moderne-Zeigern, ebenfalls aus Gold. Ende der zwanziger Jahre.

Eine vergrößerte Aufnahme des Uhrwerks der »Polyplan«-Uhr der vorigen Seite. Das tonneauförmige Uhrwerk ist rhodiniert und glanzpoliert. Es hat 15 Steine und mißt 7'''. Monometallische Unruh mit Kompensation und Feinregulierung.

63-64

Zwei »Polyplan«-Uhren mit Scharniergehäuse aus 900er Silber, identische Maße (18 × 47 mm). Die linke Uhr hat ein Zifferblatt mit großen, gut lesbaren Ziffern; die rechte hat eine zusätzliche Sekundenanzeige. Beide Uhren sind mit brünierten Moderne-Zeigern versehen. Die Mechanik entspricht derjenigen des Modells auf der vorigen Seite. Beide Uhren zwanziger Jahre.

65

Eine weitere wunderschöne »Polyplan«-Uhr mit Weißgoldgehäuse (21 × 55 mm) in rechteckig-gewölbter Form. Das mattversilberte Zifferblatt hat große aufgesetzte Ziffern aus Weißgold und mattgoldene Moderne-Zeiger. Das Uhrwerk entspricht dem der vorhergehenden Modelle. Frühe zwanziger Jahre.

66

Armbanduhr mit tonneauförmigem Gehäuse (Breite 26 mm) aus 18 Kt. Weiß- und Gelbgold. Optisch geschliffenes Glas und versenkte Aufzugskrone. Mattversilbertes Zifferblatt mit aufgelegten Goldziffern und vergoldeten Feuille-Zeigern. Rundes rhodiniertes Uhrwerk, 9''', mit 17 Steinen. Breguet-Spirale und Bimetallunruh, Feinregulierung bei verschiedenen Temperaturen.
Das untere Foto zeigt das in verschiedenfarbigem Gold ausgeführte Gehäuse mit dem optisch geschliffenen Glas. Dreißiger Jahre.

67-68

Zwei wasserdichte Uhren mit Datumsanzeige. Oben: Gehäuse (Durchmesser 33 mm) aus Stahl und Gold mit markanten Drückern für die Bedienung der Datumsanzeige. Mattversilbertes Zifferblatt mit leuchtenden Index-Zeigern. Unten: Eine automatische Uhr mit Gehäuse (Durchmesser 33 mm) aus 18 Kt. Gold. Mattversilbertes Zifferblatt mit goldenen Index-Zeigern. Beide Uhren vierziger Jahre.

69-70

Zwei wasserdichte Uhren mit Datums- und Mondphasenanzeige. Links: Herrenuhr mit verschraubtem Gehäuse (Durchmesser 33 mm) aus 18 Kt. Gold. Mattversilbertes Zifferblatt mit Reliefziffern und vergoldeten Index-Zeigern. Rhodiniertes Uhrwerk, 10''', 17 Steine. Breguet-Spirale und monometallische Unruh.

Rechts: Damenuhr mit geschraubtem Gehäuse (Durchmesser 33 mm) aus Stahl und Gold. Zweifarbiges mattversilbertes Zifferblatt, vergoldete Index-Ziffern und Zeiger. Rhodiniertes Uhrwerk, 10''', 15 Steine. Beide Modelle Mitte der fünfziger Jahre.

71-72-73

Drei Armbanduhren mit stufenförmiger Lünette. Links: Wasserdichter Chronograph mit 18 Kt. Goldgehäuse. Mattversilbertes Zifferblatt mit Tachymetereinteilung, Minuten- und Zwölf-Stunden-Zähler. Leuchtziffern und -zeiger. Mitte: Chronograph mit champagnerfarbenem Zifferblatt in zweifacher Tönung, Tachymetereinteilung und Minutenzähler. Aufgelegte goldene Ziffern und vergoldete Alpha-Zeiger. Beide Uhren vierziger Jahre.

Rechts: Uhr mit verschraubtem Gehäuse in 18 Kt. Gold und teilweise versenkter Aufzugskrone, Zweifarbiges Zifferblatt mit zentralem Sekundenzeiger. Fünfziger Jahre.

74

Oben: Armbanduhr mit Kalendarium und Mondphasenanzeige. Gehäuse (Durchmesser 34,2 mm) aus 18 Kt. Gold mit tropfenförmigen Anstößen. Mattversilbertes Zifferblatt mit vergoldeten Reliefziffern und ebenfalls vergoldeten Index-Zeigern. Rhodiniertes Uhrwerk, 10''', 15 Steine. Breguet-Spirale und monometallische Unruh.
Unten: Ein vergrößerter Ausschnitt der Mondphasenanzeige. Fünfziger Jahre.

75

Eine weitere Uhr mit Datums- und Mondphasenanzeige. Das abgestufte Gehäuse (Durchmesser 34,2 mm) ist aus 18 Kt. Gold mit tropfenförmigen Anstößen. Mattversilbertes Zifferblatt mit aufgelegten goldenen Ziffern und vergoldeten Index-Zeigern. Rhodiniertes Uhrwerk, 10''', 15 Steine. Breguet-Spirale und monometallische Unruh. Fünfziger Jahre.

76

Armbanduhr mit rundem Gehäuse (Durchmesser 29 mm) aus 18 Kt. Rot- und Weißgold; besonders auffallend sind die drei konzentrischen Kreise um das Zifferblatt. Mattversilbertes Zifferblatt mit aufgelegten Stundenmarkierungen aus Gold und goldenen Dauphine-Zeigern. Rhodiniertes Uhrwerk, 10''', mit 15 Steinen. Breguet-Spirale und Bimetallunruh, feinreguliert in 4 Lagen.
Das untere Foto zeigt das Uhrwerk stark vergrößert. Fünfziger Jahre.

77

Eine Uhr des Typs »Curvex« mit Gehäuse (19,8 × 45,4 mm) in 9 Kt. Gold. Mattversilbertes Zifferblatt mit vergoldeten Reliefziffern und brünierten Bâtons-Zeigern. Baguette-Werk, 6 ¾''', mit 15 Steinen. Flachspirale und Bimetallunruh, feinreguliert in 4 Lagen. Vierziger Jahre.

78-79-80-81

Eine Serie Damenarmbanduhren mit Datumsanzeige. Verschiedenförmige Gehäuse aus 18 Kt. Gold, Stahl bzw. Stahl und Gold. Die runden Modelle haben einen Durchmesser von 23 mm. Mattversilberte Zifferblätter mit vergoldeten aufgelegten Reliefziffern. Vergoldete Bâtons- und Index-Zeiger. Das Uhrwerk ist bei allen vier Uhren identisch, es handelt sich um ein rhodiniertes Tonneau-Werk mit 15 Steinen. Flachspirale und monometallische Unruh. Vierziger Jahre.

82

Ein wasserdichter Chronograph mit verschraubtem Gehäuse (Durchmesser 32,8 mm) in 18 Kt. Gold, runde Drücker und verlängerte Anstöße. Mattversilbertes Zifferblatt mit Tachymetereinteilung, Minuten- und Zwölf-Stunden-Zähler. Die Zeiger für die beiden letzten Funktionen sind geschlängelt. Leuchtende Index-Ziffern und Leuchtzeiger. Rhodiniertes Uhrwerk, 11 ½''', mit Breguet-Spirale und monometallischer Unruh. Ende der vierziger Jahre.

Chronograph mit einem einzigen Drücker. Scharniergehäuse (Durchmesser 33,8 mm) aus 18 Kt. Gold. Zifferblatt aus weißem Email mit Tachymetereinteilung und Minutenzähler, bei dem die ersten drei Minuten durch unterschiedliche Farben hervorgehoben sind. Brünierte Poire-Zeiger. Vergolde-

84

Chronograph mit Doppelboden-Scharniergehäuse (Durchmesser 46 mm) aus 900er Silber. Anstöße in Bügelform; sämtliche Funktionen werden mit einem einzigen Drücker auf der Höhe der Stunde 6 bedient. Zifferblatt aus weißem Email mit Minutenzähler. Brünierte Poire-Zeiger. Vergoldetes Uhrwerk, 17''', mit Breguet-Spirale und monometallischer Unruh. Ende der zwanziger Jahre.

85

Chronograph mit einem einzigen Drücker für die Bedienung sämtlicher Funktionen und Scharniergehäuse (Durchmesser 40,3 mm) aus 18 Kt. Gold. Schwarzes Zifferblatt mit Tachymetereinteilung und Minutenzähler. Vergoldete Breguet-Zeiger. Vergoldetes Uhrwerk, 13''', mit 17 Steinen. Breguet-Spirale und Bimetallunruh. Nr. 9374393.
Das Foto links zeigt das Uhrwerk in Originalgröße. Mitte der dreißiger Jahre.

86

Wasserdichter Chronograph mit Armband. Stahlgehäuse (Durchmesser 41,8 mm) mit klassisch geformten Anstößen und besonders großer Aufzugskrone. Mattversilbertes Zifferblatt mit Minutenzähler und Feuille-Zeigern. Rhodiniertes Uhrwerk, 15''', 17 Steine. Breguet-Spirale und monometallische Unruh. Mit Incabloc-Stoßsicherung. Nr. 10389462.
Das Foto rechts zeigt das Uhrwerk in Originalgröße. Mitte der fünfziger Jahre.

87

Eine Armbanduhr mit Kalendarium und Mondphasenanzeige. Quadratisches Gehäuse mit abgerundeten Ekken (32,5 × 45 mm) aus 18 Kt. Gold, mit tropfenförmigen Anstößen und teilweise versenkter Aufzugskrone. Mattversilbertes Zifferblatt mit Reliefstundenanzeige und goldenen Index-Zeigern. Verkupfertes Uhrwerk, 11 ¾''', mit 17 Steinen. Flachspirale und monometallische Unruh mit Incabloc-Stoßsicherung. Nr. 13385332. Das Foto rechts zeigt das Uhrwerk zweifach vergrößert. Fünfziger Jahre.

88-89

Zwei automatische Armbanduhren. Oben: Gehäuse aus Weißgold mit bandförmigen Verzierungen auf den Anstößen. Mattversilbertes Zifferblatt, die Stundenmarkierungen sind mit kleinen Brillanten versehen. Feuille-Zeiger.
Unten: Rotgoldenes Gehäuse, gewölbte Anstöße, Zifferblatt in Bienenwabenmuster mit goldenen Stundenmarkierungen und goldenen Feuille-Zeigern. Fünfziger Jahre.

90

Ärztechronograph mit Stahlgehäuse (Durchmesser 37,8 mm) und olivenförmigen Drückern. Dreifarbiges mattversilbertes Zifferblatt mit Telemeter- und Pulsometereinteilung, Minutenzähler und brünierten Feuille-Zeigern. Rhodiniertes Uhrwerk, 15''', mit 17 Steinen. Breguet-Spirale und Bimetallunruh, feinreguliert in einer Lage. Nr. 9392125.
Das untere Foto zeigt einen Ausschnitt der Telemeter- und Pulsmesserskala. Späte vierziger Jahre.

91

Chronograph mit einem einzigen Drücker für alle Funktionen. Scharniergehäuse (Durchmesser 33,8 mm). Zifferblatt aus weißem Email mit Tachymetereinteilung, die in der mittleren Spirale endet. Minutenzähler, bei dem die ersten drei Minuten durch verschiedene Farbgebung hervorgehoben sind. Brünierte Poire-Zeiger. Vergoldetes Uhrwerk, 12 ¾''', mit 17 Steinen Breguet-Spirale und monometallische Unruh, feinreguliert in einer Lage. Nr. 9374365. Dreißiger Jahre.

92

Eine der ersten quadratischen Armbanduhren mit wasserdichtem Gehäuse. Das Patent stammt aus dem Jahre 1936. Das quadratische Gehäuse ist zweiteilig. Es besteht aus 18 Kt. Gold, die Anstöße sind mit einem bandförmigen Motiv verziert. Mattversilbertes Zifferblatt mit gleisförmig angeordneter Minutenmarkierung und brünierten Alpha-Zeigern. Rundes rhodiniertes Uhrwerk mit 15 Steinen.
Das untere Foto zeigt in 1,5facher Vergrößerung das auseinandernehmbare zweiteilige Gehäuse mit den Originalstempeln auf dem Boden der äußeren Kapsel und den Patentnummern für verschiedene Länder.

93

Armbanduhr mit Gehäuse (Durchmesser 35 mm) aus 18 Kt. Gold mit gestufter Lünette. In zwei verschiedenen Tönen versilbertes Zifferblatt mit zentralem Sekundenzeiger und besonders geformtem Stundenzeiger. Aufgelegte Goldziffern. Verkupfertes Uhrwerk, 16 Steine, mit Breguet-Spirale und Bimetallunruh. Nr. 9632724.
Unten ein Ausschnitt des Originalzifferblatts. Frühe fünfziger Jahre.

94

Armbanduhr mit Zeitanzeige für 41 verschiedene Städte der Welt. 18 Kt. Goldgehäuse mit trapezförmigen Anstößen. Mit der bei der 9 angebrachten Krone wird die Lünette mit den 41 Städten gedreht. Die Aufzugskrone verstellt die 24-Stunden-Skala. Goldene Stundenmarkierungen und Zeiger. Rhodiniertes Uhrwerk mit getrennten Brükken, 12''', 18 Steine. Breguet-Spirale, Feinregulierung und monometallische Unruh, regulierbar in 5 Lagen. Stoßsicherungssystem. Nr. 722716.
Fünfziger Jahre.

95

Armbanduhr mit Weltzeitanzeige, auf der die 5 Kontinente in verschiedenfarbigem Email abgebildet sind. Die Lünette mit den Städtenamen wird von Hand gedreht, der mittlere 24-Stunden-Ring mit der Aufzugskrone bedient. Gehäuse (Durchmesser 30 mm) in 18 Kt. Gold. Rhodiniertes Uhrwerk, 12''', 18 Steine. Breguet-Spirale mit mikromechanischer Regulierung und monometallischer Unruh, Feinregulierung in 5 Lagen. Nr. 929581. Zweite Hälfte der vierziger Jahre.

96

Sehr seltener Chronometer mit Guillaume-Unruh. Gehäuse (Durchmesser 36 mm) aus massivem Platin. Ebenfalls aus Platin sind das Zifferblatt und die Feuille-Zeiger, die Stundenmarkierungen bestehen aus kleinen Brillanten. Der Ziffernkranz der Sekundenanzeige ist auf der Höhe der Stunde 9 angebracht, gegenüber ist die Gangscheinnummer des mit der Prüfung beauftragten Observatoriums aufgedruckt. Frühe fünfziger Jahre.

Uhrwerk und Gehäuseboden des Modells der linken Seite. Im Vordergrund die Guillaume-Kompensations-Unruh (die üblicherweise für Marine-Chronometer verwendet wird) aus »Anibal« (Legierung aus Nickel und Stahl) und Messing. Rhodiniertes Uhrwerk mit großer Platine, 20 Steinen und mikrometrischer Regulierung des Rückezeigers. Nr. 861121.

97

Armbanduhr mit ewigem Kalender und Mondphasenanzeige. Wasserdichtes Gehäuse (Durchmesser 38 mm) aus 18 Kt. Gold; druckbefestigter Gehäuseboden mit Gummidichtung. Das Zifferblatt ist mit goldenen Stundenmarkierungen und goldenen Dauphine-Zeigern versehen, in dem kleinen runden Fenster erscheinen die Schaltjahre. Automatisches Uhrwerk mit Goldrotor, 37 Steine. Breguet-Spirale und Gyromax-Unruh, feinreguliert in 5 Lagen, Stoßsicherungssystem. Nr. 1119778. Achtziger Jahre. Eines der letzten Modelle dieser Art, das Patek Philippe hergestellt hat.

98

Zwei-Zeitzonen-Uhr mit zusätzlichem und unabhängig verstellbarem Stundenzeiger. Gehäuse (Durchmesser 35 mm) aus 18 Kt. Rotgold mit klassischen Anstößen. Durch die zwei Drücker lassen sich die Stundenzeiger unabhängig voneinander verstellen. Goldene Stundenmarkierungen und Dauphine-Zeiger. Rhodiniertes Uhrwerk, 12''', 18 Steine. Breguet-Spirale und Gyromax-Unruh, feinreguliert in 5 Lagen, Stoßsicherungssystem. Nr. 739730. Sechziger Jahre.

99-100

Zwei Armbanduhren mit ewigem Kalender und Mondphasenanzeige. Links: Wasserdichtes Gehäuse (Durchmesser 37,2 mm) in 18 Kt. Gold mit teilversenkter Aufzugskrone und zentralem Sekundenzeiger. Zifferblatt mit goldenen Stundenmarkierungen und goldenen Dauphine-Zeigern. Rechts: Ein Chronograph mit Gehäuse (Durchmesser 38 mm) in 18 Kt. Gold und runden Drückern. Das Zifferblatt ähnelt dem linken Modell, hat aber zusätzlich einen Minutenzähler.

Uhrwerk und Gehäuseböden der Modelle auf der linken Seite.
Oben: Rhodiniertes Uhrwerk, mit Chronograph, 13''', 23 Steine. Breguet-Spirale mit mikrometrischer Regulierung, monometallische Unruh, feinreguliert in 8 Lagen. Nr. 869398. Siebziger Jahre.
Unten: Rhodiniertes Uhrwerk, 18 Steine. Breguet-Spirale mit mikrometrischer Regulierung, bimetallische Unruh, feinreguliert in 5 Lagen, Stoßsicherungssystem. Nr. 888165. Frühe sechziger Jahre.

101

Frühe Armbanduhr, Gehäuse (Durchmesser 32 mm) in 18 Kt. Gold mit Münzrand-Lünette und geschraubtem Gehäuseboden. Bügelförmige Anstöße. Zifferblatt aus weißem Email mit Poire-Zeigern aus brüniertem Stahl. 1920. Rhodiniertes Uhrwerk mit getrennten Brücken, 15 Steine, Flachspirale und Bimetallunruh, feinreguliert in 8 Lagen. Nr. 184315.
Das Foto links zeigt das Uhrwerk in Originalgröße.

102

Ein wasserdichter Chronograph mit geschraubtem Gehäuse (Durchmesser 35 mm) in 18 Kt. Roségold mit rutschsicheren Drükkern. Mattversilbertes Zifferblatt mit aufgelegten goldenen Ziffern und goldenen Feuille-Zeigern. Tachymetereinteilung und Minutenzähler. Sechziger Jahre. Rhodiniertes Uhrwerk, 13''', 23 Steine. Breguet-Spirale mit mikrometrischer Regulierung und monometallischer Unruh. Feinreguliert in 8 Lagen. Nr. 869148.
Das Foto rechts zeigt Uhrwerk und Gehäuse in Originalgröße.

103

Eine sehr seltene Armbanduhr mit Acht-Tage-Laufwerk. Das Gehäuse (22 × 38 mm) ist aus 18 Kt. Gold. Das Zifferblatt hat aufgelegte goldene Stundenmarkierungen und goldene Bâtons-Zeiger. Das Uhrwerk entstand zwischen 1920 und 1925, das Gehäuse etwas später.

Das Uhrwerk des Modells der vorhergehenden Seite in mehr als zweifacher Vergrößerung. Es handelt sich um ein rhodiniertes Uhrwerk mit 23 Steinen. Breguet-Spirale mit Bimetallkompensationsunruh, Feinregulierung in 5 Lagen.
Nr. 198451.

104

Automatische Uhr mit Gehäuse (31 × 38,8 mm) aus 18 Kt. Weißgold. Mattversilbertes Zifferblatt mit Bâtons-Zeigern und Stundenmarkierungen in Gold. Rhodiniertes Uhrwerk, 12''', 37 Steine. Breguet-Spirale und Gyromax-Unruh, Feinregulierung in 6 Lagen, Stoßsicherungssystem. Rotor aus 18 Kt. Gold. Nr. 1232828. Siebziger Jahre.
Rechts: Abbildung der Gyromax-Unruh und des goldenen Rotors.

105-106

Zwei wasserdichte »Calatrava«-Uhren aus Stahl. Links: Geschraubtes Gehäuse (Durchmesser 31 mm) mit mattversilbertem Zifferblatt, Feuille-Zeigern und Ziffern aus Weißgold. Rhodiniertes Uhrwerk mit getrennten Brücken, 10''', 18 Steine. Breguet-Spirale mit mikromechanischer Regulierung und monometallischer Unruh, feinreguliert in 6 Lagen. Nr. 954224. Vierziger Jahre.

Rechts: Eine kleinere Uhr (Durchmesser 20,5 mm) mit Bâtons-Zeigern aus Weißgold. Rhodiniertes Uhrwerk, 10''', Nr. 910010. Vierziger Jahre.

107-108

Zwei wunderschöne »Abenduhren«. Links: Gehäuse (27 × 40 mm) aus 18 Kt. Gold mit kantigen geraden Anstößen. Mattversilbertes Zifferblatt mit Bâtons-Zeigern und Stundenmarkierungen in Gold. Rhodiniertes Tonneau-Werk, 9''', Breguet-Spirale mit mikromechanischer Regulierung und Bimetallunruh. Nr. 972068. Ende der vierziger Jahre.

Rechts: Gehäuse (20 × 37 mm) aus 18 Kt. Weißgold mit fäßchenförmigen Anstößen. Mattversilbertes Zifferblatt mit Feuille-Zeigern und Ziffern aus Gold. Rhodiniertes Tonneau-Werk, 9'''. Nr. 832832. Dreißiger Jahre.

109

Eine seltene und außergewöhnliche Uhr in Querformat. Gehäuse (17 × 25 mm) aus 18 Kt. Gold mit teilversenkter Aufzugskrone. Mattversilbertes Zifferblatt mit Feuille-Zeigern aus brüniertem Stahl. Rhodiniertes Baguette-Werk mit 18 Steinen. Breguet-Spirale und Bimetallunruh, feinreguliert in 5 Lagen. Das Uhrwerk und das Gehäuse sind erstaunlich gut erhalten. Nr. 200481.
Dreißiger Jahre.

110

Gehäuse (27 × 28,3 mm) aus 18 Kt. Rotgold, konvex geschliffenes Glas. Mattversilbertes Zifferblatt mit aufgelegten goldenen Ziffern und goldenen Dauphine-Zeigern. Rhodiniertes Tonneau-Werk, 9''', 19 Steine, getrennte Brücken. Breguet-Spirale mit mikromechanischer Regulierung und Gyromax Unruh, feinreguliert in 5 Lagen. Nr. 974071. Erste Hälfte der fünfziger Jahre.

111-112

Links: Eine Tiffany-Uhr mit Scharniergehäuse (25 × 35,5 mm) aus 18 Kt. Gold. Mattversilbertes Zifferblatt mit Index-Zeigern und Ziffern aus Gold. Rundes rhodiniertes Uhrwerk, 9''', mit getrennten Brücken und 18 Steinen. Flachspirale und Bimetallunruh, feinreguliert in 5 Lagen. Nr. 823274. Erste Hälfte der dreißiger Jahre.
Rechts: Uhr mit Scharniergehäuse (25 × 37,5 mm) aus 18 Kt. Gold. Mattversilbertes Zifferblatt mit brünierten Poire-Zeigern. Rundes vergoldetes Uhrwerk, 10''', mit getrennten Brücken. Flachspirale und Bimetallunruh. Nr. 818226. Späte zwanziger Jahre.

113

Armbanduhr aus Stahl, deren Gehäuse (Durchmesser 35 mm) durch seine tropfenförmigen Anstöße auffällt. Mattversilbertes Zifferblatt mit aufgelegten Weißgoldziffern und goldenen Feuille-Zeigern. Rhodiniertes Uhrwerk mit getrennten Brücken. 12''', Breguet-Spirale mit mikrometrischer Regulierung und monometallischer Unruh. Späte fünfziger Jahre.
Detailaufnahme der tropfenförmigen Anstöße und Feuille-Zeiger.

114

Wasserdichte Uhr mit Gehäuse (Durchmesser 32,5 mm) aus Stahl und mit Zentralsekunde. Mattversilbertes Zifferblatt mit aufgelegten weißgoldenen Ziffern und Leuchtzeigern. Rhodiniertes Uhrwerk, 12''', 18 Steine. Breguet-Spirale mit mikrometrischer Regulierung, monometallische Unruh, Feinregulierung in 5 Lagen und Stoßsicherungssystem. Nr. 701481. 1950.

115-116-117

Drei klassische rechteckige Armbanduhren. Oben: Gehäuse (20,3 × 43 mm) aus 18 Kt. Gelbgold. In der Mitte: Damenarmbanduhr mit Gehäuse (13,2 × 33,2 mm) aus Weißgold. Unten: Gehäuse (20,3 × 43 mm) aus Platin. Die Zifferblätter sind mattversilbert, haben goldene Stundenmarkierungen und Dauphine-, Bâtons- bzw. Feuille-Zeiger. Die Herrenarmbanduhren haben ein rhodiniertes Tonneau-Werk, 9''', und stammen aus den späten vierziger Jahren. Die Damenarmbanduhr hat ein Baguette-Werk, 8''', und ist Mitte der fünfziger Jahre entstanden.

118-119

Links: Rechteckiges Modell mit gewölbtem Gehäuse (26 × 43 mm) aus 18 Kt. Gold. Versilbertes Zifferblatt mit aufgelegten Ziffern und Feuille-Zeigern aus Gold. Rundes vergoldetes Uhrwerk, 9''', mit getrennten Brücken. Flachspirale und Bimetallunruh. Nr. 820744. Ende der zwanziger Jahre.

Rechts: Chronograph mit Gehäuse (Durchmesser 33 mm) aus 18 Kt. Gold. Mattversilbertes Zifferblatt mit Tachymetereinteilung und Minutenzähler, Feuille-Zeigern und Ziffern aus Gold. Rhodiniertes Uhrwerk, 13''', 23 Steine. Breguet-Spirale und Bimetallunruh, feinreguliert in 8 Lagen. Nr. 862129. Vierziger Jahre.

120

Ein seltenes und besonders gut erhaltenes Exemplar einer runden »Gondolo«-Armbanduhr. Sie ist nach Gondolo und Labourian, den Besitzern eines bekannten brasilianischen Schmuckgeschäftes, benannt, für die Patek eine Serie Uhren, hauptsächlich Taschenuhren, hergestellt hat. Doppel-Boden-Gehäuse (Durchmesser 32 mm) aus 18 Kt. Rotgold. Zifferblatt aus Email mit goldenen Poire Zeigern. Zwischen 1915 und 1920.
Das Foto links zeigt Gehäuse und Scharnierboden in Originalgröße.

Großes Foto: das raffinierte Uhrwerk der »Gondolo«-Armbanduhr. Mit Brückenwerk feuervergoldet, Wolfverzahnung an den Aufzugsrädern und Goldzahnrädern, Breguet-Spirale und Bimetallunruh mit Kompensation. Nr. 175574. Detailaufnahme der mikrometrischen Regulierung mit Schnecke am Rückerzeiger, eine Erfindung von Adrien Philippe aus dem Jahre 1881, die bei allen »Gondolo«-Modellen einschließlich der Armbanduhren verwendet wurde.

121

Eine weitere, perfekt erhaltene »Gondolo«-Uhr. Gewölbtes Scharniergehäuse (29 × 49 mm) aus 18 Kt. Gold mit kleinen Anstößen. Mattversilbertes Zifferblatt mit großen, leicht lesbaren Ziffern und brünierten Breguet-Zeigern. Rundes vergoldetes Uhrwerk mit identischen Merkmalen wie das vorhergehende Modell. Nr. 180708. Zwischen 1915 und 1920.

122-123

Zwei weitere für den brasilianischen Juwelier Gondolo angefertigte Armbanduhren mit rechteckigem Gehäuse. Unten: Scharniergehäuse (29,5 × 47,8 mm) aus 18 Kt. Gold mit kleinen Anstößen und geschliffenem Glas. Mattversilbertes Zifferblatt mit brünierten Breguet-Zeigern. Rundes vergoldetes Uhrwerk, 12''', mit getrennten Brücken und goldenen Zahnrädern. Breguet-Spirale mit mikrometrischer Regulierung mit Schnecke und Bimetallunruh mit Kompensation. Nr. 176252.

Oben: Konkaves Scharniergehäuse, nicht original (28,3 × 51,2 mm), aus 900er Silber. Die Mechanik ist mit der des obigen Modells identisch. Zwischen 1915 und 1920.

124

Eine klassische Armbanduhr mit Gehäuse (Durchmesser 30,5 mm) aus 18 Kt. Gold. Mattversilbertes Zifferblatt mit außenliegender Sekundenskala und Zentralsekunde, Strichmarkierung, Stundenanzeige zum Teil aus Gold und goldene Feuille-Zeiger. Rhodiniertes Uhrwerk mit getrennten Brücken, 18 Steine. Breguet-Spirale und Bimetallunruh, feinreguliert in 5 Lagen. Nr. 184051. Uhrwerk aus den zwanziger Jahren.
Das Foto links zeigt Uhrwerk und Gehäuse in Originalgröße.

125

Eine weitere klassische »Calatrava«-Armbanduhr mit Zentralsekunde. Gehäuse (Durchmesser 31 mm) aus 18 Kt. Gold. Mattversilbertes Zifferblatt mit Minuten- und Sekundenring, aufgelegten Goldziffern und goldenen Feuille-Zeigern. Rhodiniertes Uhrwerk, 12''', mit Flachspirale und Bimetallruh. Nr. 828069. Zweite Hälfte der dreißiger Jahre.
Das rechte Foto zeigt Gehäuse und Uhrwerk in Originalgröße.

126

Eine seltene carréförmige Armbanduhr mit auffallender Verzierung an den Ecken des Zifferblatts. Das Scharniergehäuse (29 × 29 mm) ist aus Platin mit kleinen Anstößen. Mattversilbertes Zifferblatt mit außenliegendem Sekundenring und Zentralsekunde. Goldene Poire-Zeiger. Rundes vergoldetes Uhrwerk mit getrennten Brücken. Breguet-Spirale und Bimetallunruh. Nr. 183145. Zwischen 1915 und 1920.

127

Seltene rechteckige Armbanduhr (wahrscheinlich ein Unikat) mit Kalendarium (aus drei Fenstern) und Mondphasenanzeige. Gehäuse (24 × 36 mm) aus Platin mit schmaler Aufzugskrone. Mattversilbertes Zifferblatt, die Strichmarkierung für die Minuten- und Stundenanzeige ist aus Weißgold. Goldene Bâtons-Zeiger. Rhodiniertes Tonneau-Werk, 11''', 18 Steine. Breguet-Spirale, Bimetallunruh und Stoßsicherungssystem. Nr. 860182. Zwischen 1936 und 1940.

128

Ein weiteres »Calatrava«-Modell mit Gehäuse (Durchmesser 31 mm) aus 18 Kt. Rotgold. Mattversilbertes Zifferblatt mit aufgelegten Stundenmarkierungen in Gold; Index-Zeiger und der Sekundenzeiger ebenfalls aus Gold. Rhodiniertes Uhrwerk mit getrennten Brükken, 12'''. Breguet-Spirale mit mikrometrischer Regulierung und Bimetallunruh. Nr. 703344. Frühe fünfziger Jahre.
Das Foto links zeigt das Uhrwerk in Originalgröße.

129

Elegante quadratische Armbanduhr mit Gehäuse (26,5 × 26,5 mm) aus 18 Kt. Gold mit abgerundeten Ecken und langen Anstößen. Mattversilbertes Zifferblatt mit Bâtons-Zeigern und Stundenmarkierungen aus Gold. Rhodiniertes Uhrwerk, 10''', Breguet-Spirale mit mikrometrischer Regulierung und monometallischer Unruh. Nr. 744431. Ende der fünfziger Jahre.
Das Foto rechts zeigt Uhrwerk und Gehäuse in Originalgröße.

130

Besonders eigenwillig geformtes Modell mit konkavem Gehäuse (Breite 21 mm) aus 18 Kt. Gelbgold und Anstößen aus Weißgold, die die Befestigung des Armbands verdecken. Konvexes rechteckiges Glas. Mattversilbertes Zifferblatt mit Stundenmarkierungen aus Gold. Goldene Feuille-Zeiger. Rundes rhodiniertes Uhrwerk, 8''', mit getrennten Brücken, 18 Steine. Flachspirale und monometallische Unruh, feinreguliert in 5 Lagen. Nr. 850486. Ende der dreißiger Jahre.

131

Klassischer Chronograph mit auffallend großer Aufzugskrone. Gehäuse (Durchmesser 33 mm) aus 18 Kt. Rotgold mit abgerundeten Kanten und Drückern. Roséfarbenes Zifferblatt mit Tachymetereinteilung und Minutenzähler. Index-Zeiger und Ziffern aus Gold. Rhodiniertes Uhrwerk, 13''', 23 Steine. Breguet-Spirale mit mikrometrischer Regulierung und Glucydur-Unruh, feinreguliert in 8 Lagen. Nr. 862621. Erste Hälfte der vierziger Jahre.

132

Seltener Chronograph, bei dem alle Funktionen mit der Aufzugskrone bedient werden. Gehäuse (Durchmesser 34 mm) aus 18 Kt. Gold mit klassischen Anstößen. Champagnerfarbenes Zifferblatt mit Tachymetereinteilung und Minutenzähler, aufgelegten Goldziffern und goldenen Zeigern. Dieses besonders gut erhaltene Exemplar wurde zwischen 1936 und 1940 gefertigt.

Das Uhrwerk des Modells der linken Seite. Rhodiniertes Uhrwerk, bei dem das Chronographenhebelwerk besonders aufgebaut ist, 24 Steine. Die Breguet-Spirale und die Bimetallunruh (auf dem Foto gut zu erkennen) in 8 Lagen feinreguliert. Nr. 860094.

133

Außergewöhnlicher Chronograph mit Rattrapante aus den späten zwanziger Jahren. Scharniergehäuse (Durchmesser 34 mm) aus 18 Kt. Gold. Der Chronograph wird durch den Drücker auf der Höhe der Stunde 2 bedient. Der Drücker auf der Aufzugskrone setzt den Schleppzeiger in Betrieb. Mattversilbertes Zifferblatt mit Minutenzähler. Brünierte Feuille-Zeiger. Zwischen 1920 und 1925. Bemerkenswert auch hier der erstaunlich gut erhaltene Zustand.

Das Uhrwerk des Modells der linken Seite. Rhodiniertes Uhrwerk mit getrennten Brücken, 12''', 29 Steine (von denen 11 der Repetition – dem Schlagwerk – dienen). Breguet-Spirale und monometallische Unruh, feinreguliert in 5 Lagen. Gut zu erkennen die rechts von der Unruh angebrachten beiden Hämmer und 2 Tonfedern, die die Stunden, Viertelstunden und Minuten schlagen. Nr. 861246.

134

Eine der ersten »Calatrava«-Armbanduhren. Gehäuse (Durchmesser 30,5 mm) aus 18 Kt. Gold mit fassonierter Aufzugskrone. Mattversilbertes Zifferblatt mit goldenen aufgelegten Stundenmarkierungen und goldenen Feuille-Zeigern. Vergoldetes Uhrwerk mit getrennten Brücken, Flachspirale und Bimetallunruh. Nr. 823976. Erste Hälfte der dreißiger Jahre.
Das Foto links zeigt das Uhrwerk in Originalgröße.

135

Ein neueres »Calatrava«-Modell. Gehäuse (Durchmesser 31 mm) aus 18 Kt. Gold. Mattversilbertes Zifferblatt mit Dauphine-Zeigern und Stundenmarkierungen aus Gold. Rhodiniertes Uhrwerk mit getrennten Brücken, 12''', 18 Steine. Breguet-Spirale mit mikrometrischer Regulierung und monometallischer Unruh, Feinregulierung in 5 Lagen. Nr. 722274. Erste Hälfte der fünfziger Jahre.
Das Foto rechts zeigt das Uhrwerk in Originalgröße.

136

Eine seltene und hervorragend erhaltene Armbanduhr mit Minutenrepetition. Gehäuse (Durchmesser 33 mm) aus 18 Kt. Gold mit klassischen Anstößen. Mattversilbertes Zifferblatt mit Dauphine-Zeigern und Stundenmarkierungen aus Gold. Gegenüber der Aufzugskrone befindet sich ein Schieber; nach oben gedrückt, wird das Schlagwerk ausgelöst. Erste Hälfte der fünfziger Jahre.

Uhrwerk und Gehäuse des Chronographen der linken Seite. Vergoldetes Uhrwerk mit rhodiniertem Hebelmechanismus, 13''', 28 Steine. Breguet-Spirale und Bimetallunruh, Feinregulierung in 3 Lagen. Nr. 198369.

137

Klassische Armbanduhr mit wasserdichtem Gehäuse (Durchmesser 35 mm) aus 18 Kt. Gold. Mattversilbertes Zifferblatt mit aufgelegten goldenen Stundenmarkierungen, Dauphine-Zeigern und zentralem Sekundenzeiger, alle aus Gold. Rhodiniertes Uhrwerk mit getrennten Brücken, 12''', 18 Steine. Breguet-Spirale mit mikrometrischer Regulierung und monometallischer Unruh, Feinregulierung in 5 Lagen, Stoßsicherungssystem. Nr. 706487. Ende der fünfziger Jahre.
Ausschnitt des Originalzifferblatts. Besonders auffallend ist die zierliche Punktmarkierung für die Minutenanzeige.

138

Die Uhr, von der nur 50 Exemplare hergestellt wurden, hat ein Gehäuse (Durchmesser 37 mm) aus 18 Kt. Gold und ist mit dem Originalarmband abgebildet. Auf dem Email-Zifferblatt jedes Exemplars wurde das Porträt des saudi-arabischen Königs Ibn Saud von Hand aufgemalt. Die Zeiger sind aus Gold, die Markierungen für die Stundenanzeige sind mit Rubinen besetzt. Rhodiniertes Uhrwerk, 12''', 18 Steine. Breguet-Spirale mit mikrometrischer Regulierung, monometallische Unruh, Feinregulierung in 5 Lagen, Stoßsicherungssystem. Nr. 706402.
Das Modell wurde 1956 angefertigt und dem König im Jahr darauf geschenkt.

139

Eine besonders elegante Armbanduhr mit Stundenmarkierungen aus Onyx, die in die Lünette eingesetzt sind. Gehäuse (Breite 25,5 mm) aus 18 Kt. Gelbgold; das Armband ist mit Stiftbügeln am Gehäuse befestigt. Mattversilbertes Zifferblatt mit goldenen Bâtons-Zeigern. Rundes rhodiniertes Uhrwerk, 10''', mit getrennten Brücken. 18 Steine. Breguet-Spirale mit mikrometrischer Regulierung und monometallischer Unruh, feinreguliert in 5 Lagen. Nr. 956871. Fünfziger Jahre.

140

Eine seltene rechteckige Armbanduhr mit eigenwilligen dreigeteilten Anstößen, die die Befestigung des Armbands verdecken. Gehäuse (20,8 × 39 mm) aus 18 Kt. Rotgold. Konvexes, geschliffenes Glas. Mattversilbertes Zifferblatt mit Index-Zeigern und Ziffern aus Gold. Rhodiniertes Tonneau-Werk, 9''', mit getrennten Brükken. Breguet-Spirale mit mikrometrischer Regulierung und Gyromax-Unruh. Nr. 975352. Anfang der fünfziger Jahre.

141

Armbanduhr mit tonneauförmigem Scharniergehäuse (29 × 39 mm) aus 18 Kt. Gold. Mattversilbertes Zifferblatt mit aufgelegten Goldziffern und goldenen Poire-Zeigern. Rundes rhodiniertes Uhrwerk mit getrennten Brücken, 12''', 18 Steine. Breguet-Spirale und Bimetallunruh, feinreguliert in 5 Lagen. Nr. 806434. Zweite Hälfte der zwanziger Jahre. Das Foto links zeigt das Uhrwerk in Originalgröße.

142

Eine elegante und seltene pultförmige Armbanduhr. Gehäuse (Länge 33 mm) aus 18 Kt. Roségold. Die Aufzugskrone ist teilversenkt. Mattversilbertes Zifferblatt mit aufgelegten Stundenmarkierungen und Bâtons-Zeigern aus Gold. Geschliffenes Glas. Das schräg in das Gehäuse eingefügte runde Uhrwerk ist rhodiniert, 8''', und hat 18 Steine. Flachspirale und monometallische Unruh, Feinregulierung in 5 Lagen. Nr. 851267. Zwischen 1936 und 1940.
Das Foto rechts zeigt das originell geformte Gehäuse in doppelter Größe.

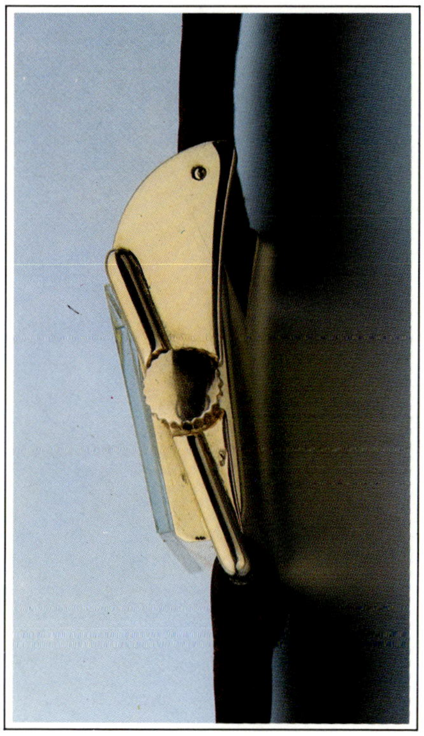

143

Armbanduhr mit ewigem Kalendarium und Mondphasenanzeige. Gehäuse (Durchmesser 34 mm) aus 18 Kt. Gold mit klassischen Anstößen. Mattversilbertes Zifferblatt mit Goldziffern und goldenen schwertförmigen Zeigern. Rhodiniertes Uhrwerk, mit getrennten Brücken, 12''', 18 Steine. Breguet-Spirale mit mikrometrischer Regulierung, Bimetallunruh, feinreguliert in 5 Lagen. 1948.

144

Eine seltene und elegante Armbanduhr aus 18 Kt. Gold und Platin. Durch die gestufte Ausführung der Anstöße wird die Befestigung des Armbands teilweise verdeckt. Mattversilbertes Zifferblatt mit aufgelegten Goldziffern und goldenen Feuille-Zeigern. Das geschliffene Glas ist doppelkantig. Dreißiger Jahre.

145

Rechteckiges Gehäuse (Breite 23 mm) aus 18 Kt. Roségold mit Anstößen in Bügelform. Roséfarbenes Zifferblatt mit zum Teil aufgelegten goldenen Stundenmarkierungen und ebenfalls goldenen Bâtons-Zeigern. Rhodiniertes tonneauförmiges Uhrwerk mit getrennten Brücken, 9''', 18 Steine. Breguet-Spirale mit mikrometrischer Regulierung, monometallische Unruh, Feinregulierung in 5 Lagen. Nr. 971142. Zwischen 1947 und 1950. Das Foto links zeigt das Uhrwerk in Originalgröße.

146

Elegante Armbanduhr mit gewölbtem Gehäuse (21,5 × 39,5 mm) aus 18 Kt. Gold und Originalarmband. Mattversilbertes Zifferblatt mit aufgelegten Goldziffern und ebenfalls goldenen Feuille-Zeigern. Das geschliffene Glas ist in der Mitte lichtgebrochen – sichtbar an den Zeigern. Rhodiniertes Tonneau-Werk, 9''', 18 Steine. Breguet-Spirale mit mikrometrischer Regulierung und Gyromax-Unruh, Feinregulierung in 5 Lagen. Nr. 974615. Anfang der fünfziger Jahre.
Das Foto rechts zeigt das Armband und den Verschluß.

147

Wasserdichter Chronograph mit geschraubtem Gehäuse (Durchmesser 35 mm) aus 18 Kt. Gold und mit runden Drückern. Mattversilbertes Zifferblatt mit Tachymetereinteilung und Minutenzähler. Aufgelegte Ziffern und Bâtons-Zeiger aus Gold. Rhodiniertes Uhrwerk, 13''', 25 Steine. Breguet-Spirale mit mikrometrischer Regulierung und monometallischer Unruh, feinreguliert in 8 Lagen. Nr. 868978. Zweite Hälfte der fünfziger Jahre.

148

Ein weiterer Chronograph mit Gehäuse (Durchmesser 35 mm) aus 18 Kt. Rotgold, der durch seine fassonierten Anstöße auffällt. Mattversilbertes Zifferblatt mit Tachymetereinteilung und Minutenzähler. Aufgelegte Goldziffern und goldene Feuille-Zeiger. Rhodiniertes Uhrwerk, 13''', 23 Steine. Breguet-Spirale mit mikrometrischer Regulierung und monometallischer Unruh, feinreguliert in 8 Lagen. Nr. 868401. Erste Hälfte der fünfziger Jahre.

149

Rechteckiges Modell (Breite 28,8 mm), dessen ungewöhnliche Form auf dem flachen und fassonierten seitlichen Profil des Gehäuses aus 18 Kt. Rotgold beruht. Mattversilbertes Zifferblatt mit Index-Zeigern und Ziffern aus Gold. Konvexes geschliffenes Glas. Rhodiniertes Tonneau-Werk, 9''', mit 18 Steinen und getrennten Brücken. Breguet-Spirale mit mikrometrischer Regulierung und Gyromax-Unruh, feinreguliert in 5 Lagen. Nr. 976710. Zweite Hälfte der fünfziger Jahre.

150

Klassischer Chronograph (Durchmesser 33 mm) aus 18 Kt. Gold. Mattversilbertes Zifferblatt mit aufgelegten Goldziffern und ebenfalls goldenen Feuille-Zeigern. Auffallend die abgerundeten Drükker und die große Aufzugskrone. Das Uhrwerk entspricht demjenigen der bereits beschriebenen Chronographen. Fünfziger Jahre.

151

Wasserdichte Armbanduhr mit Schraubgehäuse (Durchmesser 35 mm) aus 18 Kt. Gold. Elfenbeinfarbenes Zifferblatt mit aufgelegten goldenen Stundenmarkierungen und goldenen Dauphine-Zeigern. Rhodiniertes Uhrwerk, getrennte Brücken, 12''', 18 Steine. Breguet-Spirale mit mikrometrischer Regulierung und Bimetallunruh, feinreguliert in 5 Lagen, Stoßsicherungssystem. Nr. 701892. Anfang der fünfziger Jahre.
Das Foto links zeigt Gehäuse und Uhrwerk in Originalgröße.

152

Quadratische Armbanduhr mit Platingehäuse (Breite 38,4 mm) und eckigen Anstößen. Auffallend ist die Aufzugskrone Rubin-Cabochon. Mattversilbertes Zifferblatt mit innerem Sekundenring, Zentralsekunde und aufgelegten weißgoldenen Ziffern für die Stundenanzeige. Bâtons-Zeiger aus Weißgold. Rhodiniertes Uhrwerk mit getrennten Brücken, 12''', 18 Steine. Breguet-Spirale mit mikrometrischer Regulierung und Bimetallunruh. Nr. 700084. 1949.
Das Foto rechts zeigt Gehäuse und Uhrwerk in Originalgröße.

153-154-155

Eine Serie »Calatrava«-Modelle mit Gehäuse aus 18 Kt. Gold.
Oben: Rhodiniertes Uhrwerk, 10''', 18 Steine. Breguet-Spirale mit mikrometrischer Regulierung und monometallischer Unruh. Feinreguliert in 8 Lagen. Nr. 959377. Anfang der fünfziger Jahre.
Mitte: Eine wasserdichte Uhr mit der gleichen Mechanik. Nr. 951535. Ende der vierziger Jahre.

Unten: Damenarmbanduhr mit rhodiniertem Uhrwerk, 8''', 18 Steine. Breguet-Spirale und monometallische Unruh, feinreguliert in 5 Lagen. Nr. 856731. Zweite Hälfte der fünfziger Jahre.

156-157

Oben: Facettiertes Gehäuse (22,5 × 39,3 mm) aus 18 Kt. Rotgold mit geschliffenem Glas. Mattversilbertes Zifferblatt mit goldenen Stundenmarkierungen und Bâtons-Zeigern. Rhodiniertes Tonneau-Werk mit getrennten Brücken, 9''', 18 Steine. Breguet-Spirale mit mikrometrischer Regulierung, Gyromax-Unruh, Feinregulierung in 5 Lagen. Nr. 977252.

Unten: Gehäuse (20,8 × 37,5 mm) mit bandförmig verzierten Anstößen und geschliffenem Glas. Mattversilbertes Zifferblatt und goldene Bâtons-Zeiger und Stundenmarkierungen. Tonneau-Werk, 8''', Breguet-Spirale und Bimetallunruh, Feinregulierung in 5 Lagen. Fünfziger Jahre.

158

Rechteckige Armbanduhr mit Gehäuse (21,5 × 39 mm) aus 18 Kt. Gold mit gestuften Seitenpartien. Mattversilbertes Zifferblatt mit aufgelegten Stundenmarkierungen und Index-Zeigern aus Gold. Rhodiniertes Tonneau-Werk mit getrennten Brücken, 9''', 18 Steine. Breguet-Spirale mit mikrometrischer Regulierung und monometallischer Unruh. Feinregulierung in 5 Lagen. Nr. 971836. Ende der vierziger Jahre.
Das Foto links zeigt das Uhrwerk in Originalgröße.

159

Eine seltene Armbanduhr mit auffallend langgezogenem Gehäuse aus Platin. Mattversilbertes Zifferblatt mit Dauphine-Zeigern und Stundenmarkierungen aus Weißgold. Zweifach lichtgebrochenes, geschliffenes Glas. Außergewöhnliches, ovales Uhrwerk mit 18 Steinen. Flachspirale und Bimetallunruh, Feinregulierung in 8 Lagen. Nr. 810628. Zweite Hälfte der zwanziger Jahre.
Das Foto rechts zeigt den Gehäuseboden und das Uhrwerk in Originalgröße.

160

Außergewöhnliche Armbanduhr mit Gehäuse (26 × 39 mm) aus 18 Kt. Gold, mit verdeckten gezahnten Anstößen. Mattversilbertes Zifferblatt mit aufgelegten Stundenmarkierungen und Bâtons-Zeigern aus Gold. Rhodiniertes Tonneau-Werk mit getrennten Brükken, 9''', 18 Steine. Breguet-Spirale mit mikrometrischer Regulierung und Gyromax-Unruh, feinreguliert in 5 Lagen. Nr. 974988. Anfang der fünfziger Jahre.

161

Elegante Armbanduhr mit gewölbtem Gehäuse (21 × 42 mm) aus Platin mit abgestuften Seitenpartien. Mattversilbertes Zifferblatt mit goldenen schwertförmigen Zeigern. Die Stundenmarkierungen sind mit Baguette- und Brillantschliff-Diamanten besetzt. Geschliffenes Glas, rhodiniertes Tonneau-Werk, 9''', 18 Steine. Breguet-Spirale mit mikrometrischer Regulierung und Bimetallunruh. Nr. 832703. Ende der dreißiger Jahre.

162

Klassische rechteckige Armbanduhr mit Scharniergehäuse (25,5 × 38 mm) aus 18 Kt. Gold. Auffallend kleine Anstöße. Mattversilbertes Zifferblatt mit Leuchtziffern und ebenfalls leuchtenden Squelette-Zeigern. Rundes rhodiniertes Uhrwerk mit getrennten Brücken, 9''', 18 Steine. Flachspirale und Bimetallunruh, feinreguliert in 8 Lagen. Nr. 809896. Zweite Hälfte der zwanziger Jahre.
Ein Ausschnitt des Zifferblatts mit Leuchtziffern und -zeigern (Zifferblatt wahrscheinlich restauriert).

163

Eine für Tiffany kreierte Armbanduhr mit bauchigem Scharniergehäuse (25 × 42 mm) aus Platin mit kleinen kantigen Anstößen. Mattversilbertes Zifferblatt mit leuchtenden Squelette-Zeigern und Leuchtziffern. Rundes rhodiniertes Uhrwerk, 9''', 18 Steine. Flachspirale und Bimetallunruh, feinreguliert in 5 Lagen. Nr. 819941. Zweite Hälfte der zwanziger Jahre.

164

Quadratische Armbanduhr mit Gehäuse (Breite 27 mm) aus 18 Kt. Gold mit auffallenden zylinderförmigen Anstößen, die die Befestigung des Armbands verdecken. Mattversilbertes Zifferblatt mit aufgelegten Ziffern und goldenen Poire-Zeigern. Außergewöhnlicher, beidseitig angebrachter Nut- und Federverschluß für das Gehäuse. Das Uhrwerk ist rund. Vierziger Jahre.
Detailaufnahme der beweglichen Federleisten, die ein Öffnen des Gehäuses ermöglichen.

165-166

Links: Eine »Calatrava«-Armbanduhr (Durchmesser 30 mm) aus 18 Kt. Weißgold. Emailzifferblatt mit goldenen Feuille-Zeigern. Rhodiniertes Uhrwerk, 12''', 18 Steine. Flachspirale und Bimetallunruh, feinreguliert in 5 Lagen. Nr. 827059. 1935.

Rechts: Ein jüngeres Modell mit Gehäuse (Durchmesser 33 mm) aus 18 Kt. Gold mit fassonierten Anstößen. Mattversilbertes Zifferblatt mit äußerem Sekundenring für Zentralsekunde und goldener Strichmarkierung für die Stundenanzeige. Goldene Dauphine-Zeiger. Rhodiniertes Uhrwerk, 12''', 18 Steine. Breguet-Spirale mit mikrometrischer Regulierung und Bimetallunruh. Nr. 864319. Späte vierziger Jahre.

Wasserdichter Chronograph mit
Schraubgehäuse (Durchmesser 36
mm) aus Stahl mit Drückern. Matt-
versilbertes Zifferblatt mit Leucht-

168

Ein automatisches »Oyster«-Modell vom sogenannten »Bubbleback«-Typ mit römischen und arabischen Ziffern. Gehäuse (Durchmesser 32,3 mm) aus 14 Kt. Rotgold. Roséfarbenes Zifferblatt mit besonders ausgeprägten Leuchtziffern und -zeigern. Rhodiniertes Uhrwerk, 11 ¼''', 17 Steine. Breguet-Spirale und Superbalance-Unruh. Vierziger Jahre.

169

Eine »Prince«-Armbanduhr mit gewölbtem Gehäuse (22 × 42 mm) aus 18 Kt. Gelbgold und Weißgold mit versenkter Aufzugskrone. Zweifarbiges mattversilbertes Zifferblatt mit brünierten Moderne-Zeigern. Rhodiniertes Baguette-Werk »Extraprima«, 7 ½''', 17 Steine. Breguet-Spirale und Bimetallunruh, feinreguliert in 6 Lagen. Dreißiger Jahre.
Ausschnitt des Zifferblatts, bei dem die Stundenziffern durch die Buchstaben des Clubnamens, für den die Uhr kreiert wurde, ersetzt sind.

170-171

Zwei hervorragend erhaltene »Prince«-Armbanduhren mit Doppelzifferblatt, bei denen die Stundenziffer nach Ablauf einer vollen Stunde um eine Position weiterspringt. Oben: Gehäuse (22,5 × 42,2 mm) aus Stahl.

Unten: Gehäuse aus 14 Kt. Gold. Fast identische Zifferblätter mit einem Fenster für die Stundenanzeige auf der Höhe der Stunde 12 und brüniertem Minutenzeiger. Beide Uhren haben ein rechteckiges, rhodiniertes Uhrwerk »Ultraprima«, 7 ¾''', mit 17 Steinen, Breguet-Spirale und Superbalance-Unruh. Ende der dreißiger Jahre.

172

Eine weitere »Prince«-Armbanduhr des Typs »Railway«, mit springender Stundenanzeige, die eigens für Bucherer hergestellt wurde. Gehäuse (22 × 42 mm) aus 9 Kt. Gelb- und Weißgold mit gestuften Seitenpartien. Versenkte Aufzugskrone. Zweifarbiges mattversilbertes Zifferblatt mit brünierten Moderne-Zeigern. Rhodiniertes Baguette-Werk »Ultraprima«, 7 ½''', 15 Steine. Breguet-Spirale und Superbalance-Unruh, feinreguliert in 6 Lagen. Nr. 75510. Dreißiger Jahre.

173-174

Zwei bildschöne pultförmige »Prince«-Armbanduhren (19 × 46 mm) aus 18 Kt. Roségold mit Schild zur Eingravierung des Monogramms. Gleiche Aufteilung des Zifferblatts mit Dauphine-Zeigern und Stundenmarkierung aus Gold. Zentralsekunde. Ähnlich sind auch die rhodinierten Baguette-Werke, 7 ½''', 18 Steine. Breguet-Spirale mit mikrometrischer Regulierung und Superbalance-Unruh, feinreguliert in 6 Lagen. Vierziger Jahre.

175

»Prince«-Armbanduhr mit gewölbtem Gehäuse (23 × 40,5 mm) aus 9 Kt. Gelb- und Weißgold. Das Originalgliederarmband ist zweifarbig und elastisch und ebenfalls aus Gold. Versenkte Aufzugskrone. Mattversilbertes zweifarbiges Zifferblatt mit brünierten Moderne-Zeigern. Rhodiniertes Baguette-Werk »Extraprima«, 7 ½''', 15 Steine. Breguet-Spirale und monometallische Unruh, feinreguliert in 6 Lagen. Nr. 73071. Dreißiger Jahre.
Detailaufnahme des zweifarbigen Gehäuses und des elastischen Gliederarmbands.

176-177

Zwei weitere elegante »Prince«-Armbanduhren des Typs »Railway« mit Gehäuse aus 18 Kt. Rosé- und Weißgold. Verschiedenartige Originalgliederarmbänder. Sehr unterschiedlich sind auch die Zifferblätter, die lediglich die brünierten Bâtons-Zeiger gemeinsam haben. Dreißiger Jahre.

178

Eine seltene, makellos erhaltene »Prince«-Armbanduhr des Typs »Classic« mit Gehäuse (20 × 40 mm) aus Stahl und den charakteristischen kleinen Anstößen. Zweifarbiges mattversilbertes Zifferblatt mit brünierten Losange-Zeigern.

Foto des Gehäusebodens und Uhrwerks der »Prince« von der linken Seite. Rhodiniertes Baguette-Werk »Extraprima«, 7 ½''', 17 Steine. Breguet-Spirale und Superbalance-Unruh, feinreguliert in 6 Lagen. Bemerkenswert ist der oben rechts liegende laterale Anker, der sämtliche »Prince«-Modelle auszeichnet. Dreißiger Jahre.

179

Wasserdichter Chronograph mit geschraubtem Gehäuse (Durchmesser 35,3 mm) aus Stahl mit runden Drückern. Mattversilbertes Zifferblatt mit aufgelegten Stundenmarkierungen und Index-Zeigern aus Weißgold, die mit Leuchtmasse beschichtet sind. Tachymeter- und Telemetereinteilung, Minuten- und Zwölf-Stunden-Zähler. Fünfziger Jahre. Rhodiniertes Uhrwerk, 13''', 17 Steine. Breguet-Spirale und monometallische Unruh. Das Foto links zeigt Uhrwerk und Gehäuse in Originalgröße.

180

Eine der ersten »Oyster«-Armbanduhren. Wasserdichtes Carré-galbé-Gehäuse (32 × 32 mm) aus 9 Kt. Gold mit gerippter Lünette. Zweifarbiges Emailzifferblatt mit brünierten Romaine-Zeigern. Rhodiniertes Uhrwerk, 10''', 15 Steine. Flachspirale und Bimetallunruh, feinreguliert in 6 Lagen. Zwanziger Jahre. Das Foto rechts zeigt Uhrwerk und Gehäuse in Originalgröße.

181

Chronograph für Verga. Wasserdichtes Gehäuse (Durchmesser 36 mm) aus 18 Kt. Gold mit runden Drückern und klassischen Anstößen. Roséfarbenes Zifferblatt mit Tachymeter- und Telemetereinteilung. Brünierte Bâtons-Zeiger und Minutenzähler. Rhodiniertes Uhrwerk, 13''', 17 Steine. Breguet-Spirale und Glucydur-Unruh. Fünfziger Jahre.

182

Ein wasserdichter antimagnetischer Chronograph mit Kalender. Massives Schraubgehäuse (Durchmesser 35 mm) aus 18 Kt. Gold. Weißes Zifferblatt mit Minuten- und Zwölf-Stunden-Zähler. Goldene Losange-Stundenmarkierung und Alpha-Zeiger. Rhodiniertes Uhrwerk, 13''', 17 Steine. Breguet-Spirale und monometallische Unruh. Mitte der fünfziger Jahre.

183

Viereckige Armbanduhr mit cabochonförmiger Aufzugskrone. Scharniergehäuse (25,7 × 33 mm) aus 9 Kt. Roségold. Strahlenmotiv auf dem versilberten Zifferblatt mit brünierten Breguet-Zeigern. Rundes rhodiniertes Uhrwerk, 10 ½''', 15 Steine. Flachspiralc und Bimetallunruh, feinreguliert in 6 Lagen. Anfang der dreißiger Jahre.

184-185

Zwei automatische und wasserdichte »Oyster«-Armbanduhren.
Links: Gehäuse (Durchmesser 33,5 mm) aus 18 Kt. Rotgold. Schwarzes Zifferblatt mit aufgelegten Stundenmarkierungen in Gold (zum Teil phosphoreszierend) und goldenen Alpha-Zeigern.

Rechts: Gehäuse (Durchmesser 36 mm) aus 18 Kt. Rotgold mit geriffelter Lünette und weißem, wabengemusterten Zifferblatt. Aufgelegte Goldziffern und goldene Alpha-Zeiger. Beide Modelle mit Chronometer-Gangschein. Fünfziger Jahre.

186-187

Zwei antimagnetische Chronographen. Links: Gehäuse (Durchmesser 33,5 mm) aus 9 Kt. Gelbgold. Roséfarbenes Zifferblatt mit Tachymeter- und Telemetereinteilung, Minutenzähler. Brünierte Bâtons-Zeiger.

Rechts: Gehäuse (Durchmesser 32 mm) aus 18 Kt. Gold. Mattversilbertes Zifferblatt mit Tachymeter- und Telemetereinteilung und Minutenzähler. Losange-Stundenmarkierung aus Gold und goldene Dauphine-Zeiger. Rhodiniertes Uhrwerk, 13''', 17 Steine. Fünfziger Jahre.

188-189

Zwei wunderschöne automatische »Oyster«-Chronometer vom sogenannten »Bubbleback«-Typ mit elastischen Originalgliederarmbändern. Oben: Tonneau-Gehäuse mit geriffelter Lünette. Mattversilbertes Zifferblatt mit aufgelegten Ziffern, brünierte Index-Zeiger. Vierziger Jahre.

Unten: Rundes zylinderförmiges Gehäuse. Auffallend die römischen und arabischen Leuchtziffern und Leuchtzeiger. Rhodinierte Uhrwerke, 11 ¼''', mit Breguet-Spirale und Superbalance-Unruh. Dreißiger Jahre.

190

Eine außergewöhnliche Armbanduhr mit »Marquise«-Gehäuse (28 × 45 mm) aus 14 Kt. Rotgold. Mattversilbertes Zifferblatt mit auffallend großen Ziffern und Moderne-Zeigern aus brüniertem Stahl. Rundes rhodiniertes Uhrwerk mit Breguet-Spirale und Bimetallunruh. Zwanziger Jahre. Detailaufnahme der auffallend großen arabischen Ziffern.

191

Ein weiteres originelles Modell aus den zwanziger Jahren mit gewölbtem Gehäuse (26 × 49 mm) aus 14 Kt. Gold. Die Befestigung des Armbands ist verdeckt unterhalb des Gehäuses. Dieses Zifferblatt zeichnet sich durch besonders große römische Ziffern aus. Rundes rhodiniertes Uhrwerk.

192

Eine automatische Armbanduhr mit Kalendarium und Mondphasenanzeige. Gehäuse (Durchmesser 39 mm) aus Stahl mit klassischen Anstößen. Mattversilbertes Zifferblatt mit aufgelegten Stundenmarkierungen und gelbgoldenen Alpha-Zeigern. Rhodiniertes Uhrwerk, 11 ¾''', mit 18 Steinen. Breguet-Spirale und Superbalance-Unruh, feinreguliert in 6 Lagen. Mitte der fünfziger Jahre.

193

Besonders kleiner Chronograph (Durchmesser 31 mm) mit 18 Kt. Goldgehäuse, kleinen Anstößen und ovalen Drückern. Mattversilbertes Zifferblatt mit Alpha-Zeigern aus brüniertem Stahl. Tachymeter-, Telemetereinteilung und Minutenzähler. Rhodiniertes Uhrwerk, 12''', mit Breguet-Spirale und Bimetallunruh. Vierziger Jahre.

194

Elegante rechteckige Armbanduhr mit Gehäuse (26 × 43 mm) aus 18 Kt. Gold. Champagnerfarbenes Zifferblatt in zwei verschiedenen Schattierungen mit Feuille-Zeigern aus brüniertem Stahl. Geschliffenes Glas. Rhodiniertes Uhrwerk »Ultraprima«, 10 ½''', 17 Steine. Breguet-Spirale und monometallische Unruh. Feinreguliert in 6 Lagen. Frühe vierziger Jahre.
Das Foto links zeigt das Uhrwerk in Originalgröße.

195

Ein klassisches Modell des Typs »Bubbleback« mit Tonneau-Gehäuse (32 × 41 mm) aus 18 Kt. Gold mit einer verdeckten Befestigung des Armbands. Mattversilbertes Zifferblatt mit aufgelegten Ziffern und Losange-Zeigern aus Gold. Rhodiniertes Uhrwerk, 11 ¼''', 18 Steine. Breguet-Spirale und Superbalance-Unruh, feinreguliert in 6 Lagen. Vierziger Jahre.
Das Foto rechts zeigt Uhrwerk, Gehäuse und den Aufzugsrotor für die Automatik in Originalgröße.

196

Eine weitere wasserdichte Armbanduhr mit tonneauförmigem Gehäuse (28 × 31 mm) aus 9 Kt. Gold. Das Zifferblatt ist aus weißem Email mit Bâtons-Zeigern aus brüniertem Stahl. Rhodiniertes Uhrwerk »Ultraprima«, 8 ½''', 15 Steine. Flachspirale und Bimetallunruh. Späte zwanziger Jahre. Ausschnitt des Email-Zifferblatts mit der Aufschrift, die für die besondere Qualität des Uhrwerks zeugt.

197-198-199-200

»Oyster«-Modelle des sogenannten »Bubbleback«-Typs. Links oben: Automatik mit Tonneau-Gehäuse aus 9 Kt. Gold und Leuchtziffern und -zeigern. Vierziger Jahre. Daneben, oben Mitte: Automatik, Gehäuse aus 18 Kt. Gold mit gekerbter Lünette. Weißes Zifferblatt mit Batôns-Zeigern und Ziffern aus Gold. Vierziger Jahre. Daneben, unten Mitte: Eine nicht automatische Armbanduhr mit Gehäuse aus 18 Kt. Gold und roséfarbenem Zifferblatt. Goldene Alpha-Zeiger und Ziffern. Fünfziger Jahre. Ganz unten: Damenarmband-Automatikuhr mit Gehäuse (Durchmesser 24,5 mm) aus 14 Kt. Gold und gekerbter Lünette. Alpha-Zeiger und Stundenmarkierung aus Gold.
Fünfziger Jahre.

201

Rechteckiges stumpfkantiges Gehäuse (Breite 27,5 mm) aus Stahl mit eigenwillig geformten Anstößen. Champagnerfarbenes Zifferblatt mit aufgelegten Ziffern und vergoldeten Bâtons-Zeigern und Zentralsekunde. Geschliffenes Glas. Rhodiniertes Baguette-Werk, 17 Steine. Breguet-Spirale und monometallische Unruh, feinreguliert in 7 Lagen. Vierziger Jahre.

202

Ein antimagnetischer Chronograph in quadratischer, scharfkantiger Form mit verlängerten Anstößen. Gehäuse (25,5 × 26 mm) aus 18 Kt. Rotgold. Roséfarbenes Zifferblatt mit gleisförmig angelegter Minutenanzeige, Minutenzähler und Tachymetereinteilung. Brünierte Bâtons-Zeiger. Rundes rhodiniertes Uhrwerk, 10''', 17 Steine. Breguet-Spirale und monometallische Unruh. Vierziger Jahre.

203

Eleganter Chronograph mit Gehäuse (Durchmesser 36,3 mm) aus 18 Kt. Rotgold mit Münzrand und tropfenförmigen Anstößen. Mattversilbertes Zifferblatt mit Tachymeter-, Telemetereinteilung und Minutenzähler. Aufgelegte Goldziffern und vergoldete Bâtons-Zeiger. Rhodiniertes Uhrwerk, 13''', 17 Steine. Breguet-Spirale und monometallische Unruh. Frühe fünfziger Jahre.
Detailaufnahme des Uhrwerks, mit dem viele Rolex-Chronographen versehen sind.

204

Wunderschöner wasserdichter Chronograph mit Gehäuse (Durchmesser 35 mm) aus 18 Kt. Gold mit runden Drückern. Mattversilbertes Zifferblatt mit Tachymetereinteilung, Minuten- und Zwölf-Stunden-Zähler. Aufgelegte Stundenmarkierung und Alpha-Zeiger aus Gold. Die Ziffern für die Stundenanzeige haben leuchtende Punktmarkierungen. Rhodiniertes Uhrwerk, 13''', 17 Steine. Breguet-Spirale und monometallische Unruh. Fünfziger Jahre.

205

Auffallend kleiner Chronograph (Durchmesser 31 mm) mit nur einem Drücker. Gehäuse aus 18 Kt. Gold. Schwarzes Zifferblatt mit Tachymeter- und Telemetereinteilung, Leuchtziffern und goldenen Bâtons-Zeigern. Minutenzähler. Rhodiniertes Uhrwerk, 12''', 17 Steine. Breguet-Spirale und Bimetallunruh. Vierziger Jahre.

206

Ein für Verga kreierter Chronograph mit Gehäuse (Durchmesser 34 mm) aus poliertem und mattiertem 18 Kt. Gold, der sich durch seine abgestuften Anstöße auszeichnet.
Mattversilbertes Zifferblatt mit Tachymeter- und Telemetereinteilung. Aufgelegte Ziffern und Bâtons-Zeiger aus Gold. Minuten- und Zwölf-Stunden-Zähler. Bemerkenswert sind die asymmetrisch angeordneten Drücker – der obere ist weiter vom Anstoß entfernt als der untere. Rhodiniertes Uhrwerk, 13''', 17 Steine. Breguet-Spirale mit monometallischer Unruh. Vierziger Jahre.

Ein früher wunderschöner Chronograph mit Doppelboden-Scharniergehäuse (Durchmesser 38 mm) aus 18 Kt. Gold. Alle Funktionen werden mit der Aufzugskrone bedient. Email-Zifferblatt mit dreifarbiger Tachymetereinteilung und Minutenzähler. Lances-Zeiger aus brü-

208

Originelle rechteckige Armbanduhr, die mit Bügeln 22 × 51 mm mißt. Das Scharniergehäuse ist aus 18 Kt. Gold und mit beweglichen Bügeln versehen. Mattversilbertes Zifferblatt mit aufgelegten Stundenmarkierungen und goldenen Bâtons-Zeigern. Rhodiniertes Tonneau-Werk mit staubsicherem Gehäuseboden. Breguet-Spirale und monometallische Unruh. Nr. 511534. Vierziger Jahre. Detailaufnahme eines Bügels.

209

Chronograph, bei dem alle Funktionen durch einen Drücker in der Aufzugskrone bedient werden, mit Gehäuse (Durchmesser 38,5 mm) aus 900er Silber. Der Gehäuseboden und der Glasrand sind durch Scharnier befestigt. Email-Zifferblatt mit Minutenzähler. Breguet-Zeiger aus brüniertem Stahl. Rhodiniertes Uhrwerk, 14 ½'''. Breguet-Spirale und Bimetallunruh. Nr. 16816. Zwanziger Jahre. Das Foto links zeigt Gehäuse, Uhrwerk und Gehäuseboden verkleinert.

210

Chronograph mit besonders massivem Gehäuse (Durchmesser 38,5 mm) aus 18 Kt. Gold. Die abgerundeten Anstöße sind an der Lünette angebracht. Mattversilbertes Zifferblatt mit aufgelegten Goldziffern und goldenen Bâtons-Zeigern. Tachymetereinteilung und Minutenzähler. Rhodiniertes Uhrwerk, 14'''. Breguet-Spirale und monometallische Unruh. Nr. 126441. Vierziger Jahre.
Das Foto rechts zeigt das Uhrwerk in Originalgröße.

211

Wasserdichter Chronograph »Compax«. Gehäuse (Durchmesser 38 mm) aus 18 Kt. Rotgold mit aufgeschraubtem Gehäuseboden. Mattversilbertes Zifferblatt mit Tachymetereinteilung, Minuten- und Zwölf-Stunden-Zähler. Brünierte

212

Chronograph »Compur« mit Gehäuse (Durchmesser 35 mm) aus 18 Kt. Gold. Mattversilbertes Zifferblatt in zwei verschiedenen Schattierungen mit Tachymeter-, Telemetereinteilung, Minutenzähler und Index-Zeigern aus brüniertem Stahl. Vergoldetes Uhrwerk, 13 ¾''', Breguet-Spirale und monometallische Unruh. Wahrscheinlich Ende der dreißiger Jahre.

213

Ein Chronograph »Compur« mit quadratischem Gehäuse (26,5 × 26,5 mm) aus 18 Kt. Rotgold. Roséfarbenes Zifferblatt mit Minutenzähler. Brünierte Bâtons-Zeiger. Rundes vergoldetes Uhrwerk, 10''', mit Breguet-Spirale und monometallischer Unruh. Vierziger Jahre.

214

Ein weiterer origineller Chronograph mit quadratischem Gehäuse (26,5 × 26,5 mm) aus 18 Kt. Gold. Drücker mit abgerundeten Kanten. Mattversilbertes Zifferblatt mit Tachymetereinteilung und Minutenzähler. Bâtons-Zeiger aus brüniertem Stahl. Rundes vergoldetes Uhrwerk, 10''', mit Breguet-Spirale und monometallischer Unruh. Vierziger Jahre.

215

Chronograph »Aero compax« mit wasserdichtem Stahlgehäuse (Durchmesser 35 mm) und runden Drückern. Die zweite Aufzugskrone bedient das unterhalb der Stunde 12 angebrachte Hilfszifferblatt. Mattversilbertes Zifferblatt mit Leuchtziffern und -zeigern. Minuten- und Zwölf-Stunden-Zähler und Tachymetereinteilung. Rhodiniertes Uhrwerk, 12 ¼''', 17 Steine. Breguet-Spirale und monometallische Unruh, Feinregulierung in einer Lage. Nr. 233380. Vierziger Jahre.
Das Foto links zeigt Gehäuse und Uhrwerk in Originalgröße.

216

Chronograph mit Kalendarium und Mondphasenanzeige des Typs »Tricompax« von besonders kleinem Format (Durchmesser 33 mm). Gehäuse aus 18 Kt. Rotgold. Mattversilbertes Zifferblatt mit aufgelegten Ziffern und Feuille-Zeigern aus Gold. Tachymetereinteilung, Minuten- und Zwölf-Stunden-Zähler. Vergoldetes Uhrwerk, 13''', 17 Steine. Breguet-Spirale und monometallische Unruh. Nr. 214909. Vierziger Jahre.
Das Foto rechts zeigt Gehäuse und Uhrwerk in Originalgröße.

217

Damenchronograph des Typs »Uni-compax« mit Gehäuse (Durchmesser 26 mm) aus 18 Kt. Rotgold. Mattversilbertes Zifferblatt mit aufgelegten Ziffern und Dauphine-Zeigern aus Gold. Minutenzähler. Rhodiniertes Uhrwerk, 10'''. Breguet-Spirale und monometallische Unruh. Fünfziger Jahre.
Das Foto links zeigt Gehäuse und Uhrwerk in Originalgröße.

218

Ausgefallene Damenarmbanduhr, deren Stahlgehäuse (26 × 30 mm) mit satinierten großen Seitenbändern versehen ist. Mattversilbertes Zifferblatt mit brünierten Bâtons-Zeigern. Rhodiniertes Uhrwerk, 8'''. Flachspirale und monometallische Unruh. Vierziger Jahre.
Das Foto rechts zeigt Gehäuse, Uhrwerk und die Aufzugskrone, die in einem der Seitenbänder untergebracht ist, in Originalgröße.

Chronograph (Durchmesser 34 mm) aus 18 Kt. Gelbgold mit gelenkigen Anstößen, die die Befestigung des Armbandes verdecken. Mattversilbertes Zifferblatt in zwei Schattierungen mit Tachymetereinteilung, Bâtons-Zeigern und Ziffern aus Gold. Minutenzähler. Ver-

220

Rechteckiges gewölbtes Gehäuse (22 × 44 mm) aus 18 Kt. Gelbgold. Mattversilbertes Zifferblatt in zwei verschiedenen Schattierungen mit gleisförmig angelegter Strichmarkierung der Minutenanzeige. Bâtons-Zeiger aus gebläutem Stahl. Geschliffenes Glas. Rhodiniertes Tonneau-Werk, 7 ½''', mit Flachspirale und monometallischer Unruh. Nr. 419446. Vierziger Jahre.

221

Klassischer Chronograph (Durchmesser 34,5 mm) aus 18 Kt. Rotgold. Soleilversilbertes Zifferblatt mit aufgelegten Ziffern und Goldpunkten und mit goldenen Bâtons-Zeigern. Tachymetereinteilung und Minutenzähler. Rhodiniertes Uhrwerk, 13''', 19 Steine. Breguet-Spirale und monometallische Unruh. Nr. 437628. Fünfziger Jahre.
Detailaufnahme der Chronographen-Mechanik.

222

Chronograph (Durchmesser 34,5 mm) aus 18 Kt. Rotgold mit klassischen Anstößen. Mattversilbertes Zifferblatt mit Bâtons-Zeigern und Ziffern aus Gold. Minutenzähler. Rhodiniertes Uhrwerk, 13''', mit 19 Steinen. Breguet-Spirale und monometallische Unruh, Regulierung bei verschiedenen Temperaturen. Nr. 466495. Vierziger Jahre. Das erst später hinzugefügte Armband ist aus 18 Kt. Rotgold.

223

Elegante Armbanduhr mit Gehäuse (Durchmesser 36 mm) aus 18 Kt. Roségold mit tropfenförmigen Anstößen. Versilbertes Zifferblatt mit zwei Reliefmotiven. Aufgelegte Ziffern und Bâtons-Zeiger aus Gold. Rhodiniertes Uhrwerk mit getrennten Brücken. 17 Steine. Breguet-Spirale mit mikrometrischer Regulierung und monometallischer Unruh. Nr. 512022. 1953.
Aufnahme des Uhrwerks – mit stählernem Reduktionsring, durch den die Uhr mit einem Werk mit wesentlich kleinerem Durchmesser als das Gehäuse versehen werden konnte.

224

Seltene Armbanduhr mit rundem Gehäuse (Durchmesser 30,5 mm) aus 18 Kt. Gelbgold mit gestufter Lünette und teilversenkter Aufzugskrone. Mattversilbertes Zifferblatt in zwei verschiedenen Schattierungen mit Bâtons-Zeigern aus Gold und brüniertem zentralen Sekundenzeiger. Doppelte Strichmarkierung für die Minuten und Sekunden.
Vergoldetes Uhrwerk, 10 ½''', mit getrennten Brücken.
Breguet-Spirale und Bimetallunruh. Nr. 367584. Ende der dreißiger Jahre.

225

Chronograph mit sehr massivem 18 Kt. Goldgehäuse (Durchmesser 32,8 mm) und eigenwillig geformten Anstößen, die die Befestigung des Armbands verdecken. Champagnerfarbenes Zifferblatt mit Tachymetereinteilung. Aufgelegte Goldziffern und goldene Bâtons-Zeiger. Minutenzähler. Vergoldetes Uhrwerk, 13''', mit Breguet-Spirale und monometallischer Unruh. Nr. 422582. Vierziger Jahre.

226

Armbanduhr mit Kalendarium und Mondphasenanzeige. Gehäuse (Durchmesser 32,8 mm) aus 18 Kt. Rotgold mit besonders massiven Anstößen und fassonierter Aufzugskrone. Mattversilbertes Zifferblatt mit aufgelegten Goldziffern und goldenen Bâtons-Zeigern. Rhodiniertes Uhrwerk, 13''', 16 Steine. Breguet-Spirale und monometallische Unruh mit Stoßsicherungssystem. Mikrometrische Regulierung des Rückerzeigers und Feinregulierung bei diversen Temperaturen. Nr. 467076. Fünfziger Jahre.

227

Eine Damenarmbanduhr mit Gehäuse (Breite 23,8 mm) aus 18 Kt. Gold mit zylinderförmigen Anstößen, die die Befestigung des Armbands verdecken. Das Armband ist nicht original. Mattversilbertes Zifferblatt mit aufgelegten Ziffern und goldenen Bâtons-Zeigern. Rhodiniertes Uhrwerk, 9''', 17 Steine. Breguet-Spirale und monometallischc Unruh. Nr. 501938. Vierziger Jahre.
Das Foto rechts zeigt Gehäuse und Uhrwerk in Originalgröße.

228

Armbanduhr mit doppelbödigem Scharniergehäuse (Durchmesser 31 mm) aus 18 Kt. Rotgold. Champagnerfarbenes, zweifach schattiertes Zifferblatt mit Bâtons-Zeigern und Stundenmarkierungen aus Gold. Rhodiniertes Uhrwerk, mit getrennten Brücken, 10 ½''', Breguet-Spirale und Bimetallunruh. Nr. 427767. Die Uhr wurde 1932 hergestellt.
Detailaufnahme des Uhrwerks: Bemerkenswert ist die Bimetallunruh, die nahe der Schenkel eingeschnitten ist.

229

Eine seltene und hervorragend erhaltene Armbanduhr mit »Minutenrepetition«. Gehäuse (Durchmesser 36mm) aus 18 Kt. Rotgold mit tropfenförmigen Anstößen und fassonierter Aufzugskrone. Mattversilbertes Zifferblatt mit Reliefverzierungen. Aufgelegte Losange-Ziffern und Bâtons-Zeiger aus Gold. Rhodiniertes Uhrwerk mit getrennten Brücken, 12''', 29 Steine. Breguet-Spirale und Bimetallunruh, feinreguliert in 2 Lagen. 1951 in nur zehn Exemplaren hergestellt.

230

Chronograph. Gehäuse (Durchmesser 33,8 mm) aus 18 Kt. Gold mit klassischen Anstößen. Mattversilbertes Zifferblatt in zwei Schattierungen mit Tachymetereinteilung. Bâtons-Zeiger aus Gold. Minutenzähler. Rhodiniertes Uhrwerk, 13''', Breguet-Spirale und Bimetallunruh. Nr. 427265. Wahrscheinlich Ende der vierziger Jahre.

231

»Tank«-Armbanduhr (Breite 25 mm) aus 18 Kt. Gold. Champagnerfarbenes Zifferblatt in zwei verschiedenen Schattierungen mit Bâtons-Zeigern aus brüniertem Stahl. Rhodiniertes Uhrwerk mit getrennten Brücken, 9''', 17 Steine. Breguet-Spirale mit besonderer, mikrometrischer Feinregulierung und monometallischer Unruh. Nr. 488514. Hergestellt in den fünfziger Jahren.
Das Foto rechts zeigt Gehäuse und Uhrwerk in Originalgröße.

232

Elegante rechteckige Armbanduhr (Breite 24 mm) aus 18 Kt. Rotgold mit geschützter Aufzugskrone. Geschliffenes Glas mit zentraler Lichtbrechung. Mattversilbertes Zifferblatt mit Bâtons-Zeigern und aufgelegten Ziffern aus Gold. Rhodiniertes Tonneau-Werk, 9''',
17 Steine. Breguet-Spirale und monometallische Unruh. Nr. 483453. Fünfziger Jahre.
Das Foto rechts zeigt Gehäuse und Uhrwerk in Originalgröße.

233

Automatische Armbanduhr »Chronometer Royal«, wasserdicht, Tonneau-Gehäuse (Durchmesser 36,5 mm) in 18 Kt. Gold. Integrierte Bandbefestigung, Datum-Fenster, champagnerfarbenes Zifferblatt mit goldenen Zifferbalken und Bâtons-Zeigern. Das maltesische Kreuz auf dem Zifferblatt ist das Firmenzeichen, hier mit einem Brillanten verziert. Rhodiniertes Werk, 12 ¼'''. Breguet-Spirale mit Feinregulierung und monometallischer Unruh. Stoßsicherung und goldener Aufzugsrotor. Sechziger Jahre.
Das kleine Foto zeigt die Gehäuserückseite mit verschraubtem Boden.

234

Armbanduhr mit Kalendarium und Gehäuse (Durchmesser 35,5 mm) aus 18 Kt. Rotgold mit gebogenen, fassonierten Anstößen. Mattversilbertes Zifferblatt mit aufgelegten Ziffern und Bâtons-Zeigern aus Gold. Rhodiniertes Uhrwerk mit getrennten Brücken, 12 ¼''', 17 Steine. Breguet-Spirale mit mikrometrischer Feinregulierung und monometallischer Unruh. Stoßsicherungssystem. Nr. 480486. Fünfziger Jahre.
Das Foto rechts zeigt Gehäuse und Uhrwerk in Originalgröße.

235

Chronograph mit Gehäuse (Durchmesser 36,2 mm) aus 18 Kt. Rotgold mit tropfenförmigen Anstößen. Teilversenkte Aufzugskrone. Mattversilbertes Zifferblatt mit aufgelegten Ziffern und goldenen Bâtons-Zeigern. Telemetereinteilung und Minutenzähler. Rhodiniertes Uhrwerk, 13''', 19 Steine. Breguet-Spirale und monometallische Unruh. Nr. 469992. Fünfziger Jahre.
Das Foto links zeigt Gehäuse und Uhrwerk in Originalgröße.

236

Kalendarium mit Mondphasenanzeige und Gehäuse (Durchmesser 33,2 mm) aus 18 Kt. Gold. Fassonierte Anstöße. Mattversilbertes Zifferblatt in zwei verschiedenen Schattierungen mit aufgelegten Ziffern und Bâtons-Zeigern aus Gold. Rhodiniertes Uhrwerk, 13''', 17 Steine. Breguet-Spirale mit mikrometrischer Feinregulierung und monometallischer Unruh. Stoßsicherungssystem. Nr. 463859. Fünfziger Jahre.
Das Foto rechts zeigt das Uhrwerk in Originalgröße: Gut zu sehen sind die kleinen Drücker für die Einstellung der Tages-, Wochen- und Monatsanzeige.

237

Rechteckige Armbanduhr für Verga mit gewölbtem Gehäuse (23 × 33 mm) aus 18 Kt. Roségold. Mattversilbertes Zifferblatt in zwei verschiedenen Schattierungen mit aufgelegten Ziffern und Bâtons-Zeigern aus Gold. Rhodiniertes Uhrwerk mit getrennten Brücken, 9'''. Flachspirale und monometallische Unruh. Nr. 427359.
Vierziger Jahre.
Das Foto links zeigt Gehäuse und Uhrwerk in Originalgröße.

238

Elegante Armbanduhr (Durchmesser 30 mm) aus 18 Kt. Rotgold mit versenkter Aufzugskrone. Geschraubte Befestigung des Armbands. Schwarzes Zifferblatt mit vertieften Ziffern und Bâtons-Zeigern aus Gold. Rhodiniertes Uhrwerk mit getrennten Brücken, 9 ¾'''. Breguet-Spirale und Bimetallunruh. Nr. 419858. Ende der dreißiger Jahre.
Das Foto rechts zeigt Gehäuse und Uhrwerk in Originalgröße.

239

Frühe Armbanduhr mit ausgebuchtetem Scharniergehäuse (28 × 41 mm) aus 18 Kt. Gold. Verdeckte Befestigung des Armbands. Geschliffenes Glas. Mattversilbertes Zifferblatt mit großen Ziffern und Bâtons-Zeigern aus brüniertem Stahl. Rundes rhodiniertes Uhrwerk. Ende der zwanziger Jahre.

240

Armbanduhr mit Kalendarium und Mondphasenanzeige. Rechteckiges Gehäuse (25,3 × 38,8 mm) aus 18 Kt. Weißgold. Mattversilbertes Zifferblatt mit aufgelegten weißgoldenen Ziffern und goldenen Breguet-Zeigern. Rundes rhodiniertes Uhrwerk, 10''', mit Breguet-Spirale und 18 Steinen. Bimetallunruh und Feinregulierung in 5 Lagen. Ein besonders seltenes Modell, das für Hermès hergestellt wurde. Nr. 414101. Mitte der dreißiger Jahre.

241

Besonders schön geformte Uhr mit rechteckigem Gehäuse (26 × 32 mm) aus 18 Kt. Gold mit Anstößen, die die Befestigung des Armbands verdecken. Mattversilbertes Zifferblatt mit aufgelegten Ziffern und Bâtons-Zeigern aus Gold. Rhodiniertes Uhrwerk mit getrennten Brücken, 8 ¾''', 17 Steine. Breguet-Spirale mit monometallischer Unruh. Nr. 455450. Vierziger Jahre. Ausschnitt des Zifferblatts und der Anstöße.

242

Modell mit zweifarbigem Gehäuse (22,3 × 38,5 mm) aus »Staybrite«-Stahl. Die kleinen Anstöße und die Lünette sind aus Rotgold. Optisch geschliffenes Glas. Mattversilbertes Zifferblatt und goldene Bâtons-Zeiger. Rundes rhodiniertes Uhrwerk, 9 ¼''', mit getrennten Brükken, Flachspirale und Bimetallunruh. Vierziger Jahre. Die Kombination von Gold und Stahl bei einer Spitzenuhr wie dieser geht darauf zurück, daß Edelmetalle in den Kriegsjahren knapp waren.

243

Originelle Armbanduhr (Durchmesser 31,5 mm) aus 18 Kt. Rotgold mit eigentümlich geformten Anstößen. Weißes Zifferblatt mit aufgelegten Stundenmarkierungen in Gold und ebenfalls goldenen Bâtons-Zeigern. Rhodiniertes Uhrwerk, 9 ½''', 17 Steine. Breguet-Spirale mit besonderer, mikrometrischer Feinregulierung und monometallischer Unruh. Fünfziger Jahre.
Detailaufnahme der Anstöße und der Gehäuseverzierungen.

244

Gehäuse (Durchmesser 34 mm) aus 18 Kt. Gelbgold mit besonders großen Anstößen. Wabengemustertes, versilbertes Zifferblatt mit aufgelegten Goldziffern. Bâtons-Zeiger und zentraler Sekundenzeiger aus Gold. Rhodiniertes Uhrwerk, 12 ½''', mit Breguet-Spirale und monometallischer Unruh, Stoßsicherungssystem. Mikrometrische Feinregulierung des Rückerzeigers und reguliert bei verschiedenen Temperaturen. Nr. 509974. Fünfziger Jahre.

245

Armbanduhr mit Carré galbé-Gehäuse (29 × 37 mm) aus 18 Kt. Gold. Zifferblatt aus weißem Email mit Sekundenring auf der Stunde 9. Breguet-Zeiger aus brüniertem Stahl. Vergoldetes Uhrwerk mit getrennten Brücken, 10 ½''', Flachspirale und Bimetallunruh. Nr. 363458. Zwanziger Jahre. Detailaufnahme des Zifferblatts mit dem aufgedruckten Markenstempel auf der Höhe der Stunde 3.

246

Sehr massives konkaves Carré-Gehäuse (35 × 42 mm) aus poliertem und satiniertem 18 Kt. Rotgold. Versenkte Aufzugskrone. Mattversilbertes Zifferblatt mit Bâtons-Zeigern und Stundenmarkierungen aus Gold. Geschliffenes Glas. Rundes rhodiniertes Uhrwerk, 12 ¼''', mit getrennten Brücken und 17 Steinen. Breguet-Spirale und monometallische Unruh. Mit mikrometrischer Feinregulierung des Rückerzeigers. Nr. 513219. Vierziger Jahre.
Das Modell wurde auch mit Automatik hergestellt.

247-248

Links: Eine Armbanduhr mit quadratischem Gehäuse (Breite 32 mm) und abgerundeten Ecken aus 18 Kt. Gold. Das Gehäuse hat einen originellen schlauchförmigen Rahmen mit darin versenkter Aufzugskrone. Mattversilbertes Zifferblatt mit Bâtons-Zeigern und Ziffern aus Gold. Rundes rhodiniertes Uhrwerk mit getrennten Brücken, 9''', 17 Steine. Breguet-Spirale mit mikrometrischer Feinregulierung, Bimetallunruh. Nr. 481700. Vierziger Jahre.

Rechts: Seltenes Modell mit trapezförmigem Gehäuse (22 × 33 mm) aus 18 Kt. Gold. Rundes rhodiniertes Uhrwerk, 9''', 17 Steine. Breguet-Spirale und monometallische Unruh, feinreguliert in 3 Lagen. Nr. 420045. Vierziger Jahre.

Seltener Chronograph mit Kalendarium und Mondphasenanzeige. Gehäuse (Durchmesser 37,5 mm) aus 18 Kt. Gold mit verlängerten Anstößen. Mattversilbertes Zifferblatt mit aufgelegten Ziffern und schwertförmigen Zeigern aus Gold. Tachymetereinteilung, Minuten- und Zwölf-Stunden-Zähler. Rhodiniertes Uhrwerk, 14 ½''', Breguet-Spirale und monometallische Unruh. Fünfziger Jahre.

250

Armbanduhr mit markanten tropfenförmigen Anstößen. Gehäuse (Durchmesser 35 mm) aus 18 Kt. Gold. Schwarzes Zifferblatt mit aufgelegten Goldziffern und vergoldeten Bâtons-Zeigern. Vergoldetes Uhrwerk, 11 ¾'''. Flachspirale und monometallische Unruh. Stoßsicherungssystem. Vierziger Jahre.
Detailaufnahme der großen tropfenförmigen Anstöße.

251

Chronograph mit Gehäuse (Durchmesser 37,3 mm) aus 18 Kt. Gold. Olivenförmige Drücker. Mattversilbertes Zifferblatt in zwei verschiedenen Schattierungen mit Tachymeter- und Telemetereinteilung. Minutenzähler. Brünierte Breguet-Zeiger. Rhodiniertes Uhrwerk, 14 ½'''. Breguet-Spirale und Bimetallunruh. Vierziger Jahre. Detailaufnahme des Minutenzählers und der spiralförmig angelegten Tachymetereinteilung.

252

LE ROY. Sehr seltener und hervorragend erhaltener Chronograph mit Rattrapante und beweglichen Anstößen. Gehäuse (Durchmesser 41 mm) aus 18 Kt. Roségold mit doppeltem Gehäuseboden. Goldenes Zifferblatt im Breguet-Stil mit brünierten Poire-Zeigern. Minutenzähler.

Rechte Seite oben: Das vergoldete Uhrwerk mit Breguet-Spirale und Bimetallunruh. Das Ende des 19. Jahrhunderts von Louis Audemars hergestellte Uhrwerk ist wie das einer Taschenuhr gearbeitet.

Unten: Gehäuseinnenboden mit gravierter Widmung.

No 26363
Hommage
à Madame René Dreyfus
en Souvenir
de la Course du Million
gagnée brillamment
par son cher mari
pour Delahaye
31 Août 1937

253-254

HAUSMANN. Links: Ein Chronograph mit Gehäuse (Durchmesser 42 mm) aus 18 Kt. Gelbgold mit beweglichen Bügeln. Der Drücker für den Chronographen ist im vorderen Bügel angebracht. Glasrand und Gehäuseboden sind durch Scharnier befestigt. Zifferblatt aus Email mit Tachymetereinteilung und Minutenzähler. Brünierte Poire-Zeiger.

Rechts: Ein Modell mit Rattrapante und Gehäuse (Durchmesser 46 mm) aus 18 Kt. Gold. Bewegliche Bügel und scharnierbefestigter Glasrand und Gehäuseboden. Emailzifferblatt mit Leuchtzeigern. Beide Uhren stammen aus den zwanziger Jahren.

Die Armbanduhren der linken Seite mit geöffnetem Gehäuse. Links: Vergoldetes Uhrwerk, 16 ¾''', Breguet-Spirale und Bimetallunruh. Rechts: Armbanduhr mit Rattrapante und raffinierter Mechanik. Das Uhrwerk ist vergoldet, 17''', mit Breguet-Spirale und mikrometrischer Feinregulierung, Bimetallunruh. Man beachte das charakteristische Hebelwerk in der Mitte des Uhrwerks, das typisch ist für Chronographen mit Rattrapante.

255

HEUER. Chronograph mit Scharniergehäuse (Durchmesser 39,5 mm) aus 18 Kt. Gold mit beweglichen Bügeln. Der Drücker für den Betrieb des Chronographen ist im vorderen Bügel untergebracht. Zifferblatt aus weißem Email mit Tachymeter- und Telemetereinteilung. Minutenzähler und brünierte Breguet-Zeiger. Vergoldetes Uhrwerk, 15'''. Breguet-Spirale und monometallische Unruh. Zwanziger Jahre.
Detailaufnahme des Email-Zifferblatts mit den klassischen Gelenkbügeln, die viele Chronographen aus jener Zeit auszeichnen.

256

UNVER WATCH. Origineller Chronograph mit Gehäuse (Durchmesser 39,5 mm) aus 18 Kt. Gold mit zylinderförmiger Lünette, auf der die Ziffern für die Stundenanzeige in Email angebracht sind. Teilversenkte Aufzugskrone. Champagnerfarbenes Zifferblatt mit Tachymeter- und Telemetereinteilung. Minutenzähler. Brünierte Bâtons-Zeiger. Rhodiniertes Uhrwerk, 14 ½''', 17 Steine. Breguet-Spirale und monometallische Unruh. Vierziger Jahre.

257

INVICTA. Ein seltener Dezimalchronograph mit rechteckigem Gehäuse aus 18 Kt. Gold. Der Chronograph wird durch einen kleinen Drücker neben der Aufzugskrone bedient. Mattversilbertes Zifferblatt mit aufgelegten Markierungen aus Gold und brünierten Losange-Zeigern. Rhodiniertes Tonneau-Werk, 15 Steine. Breguet-Spirale und monometallische Unruh. Die Armbanduhr, von der in den dreißiger Jahren nur 50 Exemplare angefertigt wurden, hatte ursprünglch ein Stahlgehäuse.

Detailaufnahme des Chronographenzeigers, der in 10 Sekunden eine Umdrehung gegen den Uhrzeigersinn ausführt, und der Drehscheibe des Sekundenzählers.

258-259

Oben: NICELY. Chronograph mit Nickelgehäuse (Durchmesser 29,8 mm) und einem einzigen Drücker. Email-Zifferblatt mit Tachymeter- und Telemetereinteilung. Brünierte Breguet-Zeiger. Rhodiniertes Uhrwerk, 9 ½''', Flachspirale und Bimetallunruh. Dreißiger Jahre.

Unten: PAUL DITISHEIM. Chronograph aus Stahl (Durchmesser 30,5 mm), der durch einen kleinen Drücker auf der Aufzugskrone bedient wird. Mattversilbertes Zifferblatt mit Tachymetereinteilung und Minutenzähler. Brünierte Feuille-Zeiger. Rhodiniertes Uhrwerk, 10''', mit Breguet-Spirale und monometallischer Unruh. Dreißiger Jahre.

260

MATHEY-TISSOT. Wasserdichter Chronograph mit Gehäuse (Durchmesser 36,7 mm) aus 18 Kt. Gold mit runden Drückern. Mattversilbertes Zifferblatt mit aufgelegten Goldziffern und vergoldeten Dauphine-Zeigern. Tachymetereinteilung, Minuten- und Zwölf-Stunden-Zähler. Rhodiniertes Uhrwerk, 12 ¾''', 17 Steine. Breguet-Spirale und monometallische Unruh, feinreguliert in einer Lage. Incabloc-Stoßsicherungssystem. Fünfziger Jahre.
Das Foto links zeigt Uhrwerk und Gehäuse in Originalgröße.

261

RICHARD. Chronograph mit Kalendarium und Mondphasenanzeige. Sehr massives Gehäuse (Durchmesser 37,5 mm) aus 18 Kt. Rotgold mit wuchtigen Anstößen. Mattversilbertes Zifferblatt mit aufgelegten Goldziffern und vergoldeten Feuille-Zeigern, Tachymetereinteilung, Minuten- und Zwölf-Stunden-Zähler. Rhodiniertes Uhrwerk, 13'''. Breguet-Spirale und monometallische Unruh. Incabloc-Stoßsicherungssystem. Fünfziger Jahre.
Das Foto rechts zeigt Uhrwerk und Gehäuse in Originalgröße.

262

BREITLING. Chronograph des Typs »Chronomat« mit Gehäuse (Durchmesser 36 mm) aus 18 Kt. Gold. Mit der geriffelten drehbaren Lünette lassen sich Geschwindigkeiten, Fertigungszeiten etc. berechnen. Mattversilbertes Zifferblatt mit leuchtenden Ziffern und Index-Zeigern. Telemetereinteilung und Minutenzähler (45). Rhodiniertes Uhrwerk, 13''', 17 Steine. Breguet-Spirale und Bimetallunruh, feinreguliert in einer Lage. Fünfziger Jahre.
Das Foto links zeigt Uhrwerk und Gehäuse in Originalgröße.

263

MINERVA. Chronograph (Durchmesser 33,2 mm) aus Stahl mit großen Gelenkanstößen, zylinderförmigen Drückern und großer Aufzugskrone. Mattversilbertes Zifferblatt mit leuchtenden Index-Zeigern und Ziffern. Minutenzähler. Vergoldetes Uhrwerk, 12 ½'''. Breguet-Spirale und monometallische Unruh. Incablok-Stoßsicherungssystem. Vierziger Jahre.
Das Foto rechts zeigt Uhrwerk und Gehäuse in Originalgröße.

264

HABER TYPE. Chronograph (Durchmesser 47 mm) aus 865er Silber mit beweglichen Bügeln. Die Zeit wird mit dem kleinen Drücker rechts oben gestellt, der Chronograph mit dem Drücker bedient, der sich auf der Aufzugskrone auf der Höhe der Stunde 12 befindet. Die zweite Aufzugskrone unten wurde nur zu dekorativen Zwecken angebracht. Emailzifferblatt mit brünierten Poire-Zeigern; der Minutenzähler läuft entgegen dem Uhrzeigersinn. Hergestellt zwischen 1910 und 1918. Detailaufnahme des (für eine Taschenuhr entwickelten) vergoldeten Uhrwerks. 18''', mit Breguet-Spirale und Bimetallunruh.

265

MOSER. Seltener Chronograph mit Scharniergehäuse (Durchmesser 38 mm) aus versilbertem Metall mit beweglichen Bügeln. Zeiteinstellung mit kleinem Drücker, Bedienung des Chronographen durch den Drücker auf der Aufzugskrone über der Stunde 12. Email-Zifferblatt mit brünierten Breguet-Zeigern und Minutenzähler (auf der Höhe der Stunde 12). Rhodiniertes Uhrwerk, 14 ½'''. Breguet-Spirale und Bimetallunruh. Zwischen 1910 und 1920.

266-267

Zwei Chronographen mit Carré galbé-Gehäuse und einem einzigen Drücker auf der Aufzugskrone. Oben: Herrenarmbanduhr (Durchmesser 33,6 mm) aus 18 Kt. Gold. Champagnerfarbenes Zifferblatt mit Tachymetereinteilung und Minutenzähler. Brünierte Breguet-Zeiger. Unten: Damenarmbanduhr (Durchmesser 25,8 mm) aus 18 Kt. Gold. Mattversilbertes Zifferblatt mit Tachymetereinteilung und Minutenzähler. Brünierte Feuille-Zeiger. Dreißiger Jahre.

268-269

EBERHARD. Zwei Chronographen mit Rattrapante und massivem Gehäuse aus 18 Kt. Gelbgold. Gestufte Lünette und Scharniergehäuse. Die mit Ausnahme der Farbe identischen Zifferblätter sind mit Tachymetereinteilung, Minuten- und Zwölf-Stunden-Zähler versehen. Der Drücker auf der Aufzugskrone bedient den zweiten Zeiger des Chronographen. Index-Zeiger aus brüniertem Stahl. Rhodiniertes Uhrwerk, 13''', 18 Steine. Bimetallunruh. Vierziger Jahre.

270

LORENZ AQUASTAR. Taucherchronograph mit Gehäuse (Durchmesser 38 mm) aus Stahl. Drehring mit Dekompressionszeiten für Tiefseetaucher. Graues Soleil-Zifferblatt mit leuchtenden Ziffern und Index-Zeigern. Besonders hervorgehobener Minutenzähler. Rhodiniertes Uhrwerk, 13'''. Flachspirale und monometallische Unruh. Incabloc-Stoßsicherungssystem. Fünfziger Jahre. Detailaufnahme der drehbaren Lünette mit den Dekompressionszeiten und dem kleinen Sekundenrhombus, der anzeigt, ob die Uhr noch intakt ist.

271-272-273

Chronographen aus den vierziger Jahren. Links: NICE WATCH. Scharniergehäuse mit tropfenförmigen Anstößen aus 18 Kt. Rot- und Gelbgold. Mitte: Eine weitere Armbanduhr von NICE WATCH mit Gehäuse aus 18 Kt. Gelb- und Roségold. Die Ziffern für die Stundenanzeige sind mit Email auf der Lünette aufgetragen. Rechts: SABINA. Gehäuse aus 18 Kt. Gold, mattiert, mit olivenförmigen Drükkern.

274

ASPREY. Chronograph mit doppeltem Scharniergehäuse (Durchmesser 35 mm) aus 14 Kt. Gold mit gelenkigen Bügeln. Der Drücker des Chronographen ist in die Aufzugskrone eingefügt. Champagnerfarbenes Zifferblatt mit brünierten Squelettes-Zeigern. Minutenzähler. Rhodiniertes Uhrwerk, 12 ¾'''. Breguet-Spirale und Bimetallunruh. Zwanziger Jahre. Das Foto links zeigt Uhrwerk und Gehäuse geringfügig verkleinert.

CARTIER. Quadratische Armbanduhr »Nain jaune« (»Gelber Zwerg«). Platingehäuse mit Losange-Lünette mit Diamanten in Rosenschliff. Dreieckige Steine aus Onyx verbinden die Lünette mit dem Gehäuse. Versilbertes Zifferblatt mit brünierten Breguet-Zeigern. Aufzugskrone ebenfalls mit

276-277

Zwei Armreifuhren unbekannter Hersteller. Links: Modell mit Schmuckarmreif und Gehäuse aus ziseliertem Gold. Das Zifferblatt ist durch eine Blende mit Schnapper verdeckt, der durch einen mit Granaten besetzten Drücker bedient wird. Die Uhr wird durch einen Schlüssel aufgezogen, der an einem Kettchen am Armreif hängt. Zweite Hälfte des 19. Jahrhunderts. Rechts: Ein weiteres Modell mit Schmuckarmreif und eingebauter Schlüsseluhr. Der Armreif aus ziseliertem Gold ist mit polychromem Email verziert. Die Uhr in Gold mit Emailzifferblatt und brünierten Zeigern. Um 1850.

Die Uhren der linken Seite mit geöffneter Blende. Links: Unter der Blende erscheint das kleine Emailzifferblatt, und man sieht deutlich, daß die Uhr mit einem Schlüssel aufgezogen und eingestellt wird. Die Uhr rechts hat getrennte Brükken und eine Zylinderhemmung. Sie kann zum Einstellen aus dem Armreifgehäuse herausgenommen und auch als Halsuhr an einer Kette getragen werden.

278

CARTIER. »Savonette«-Armbanduhr mit rechteckigem Gehäuse aus Weißgold. Der Deckel wird durch einen Drücker auf der Höhe der Stunde 1 geöffnet. Versilbertes Zifferblatt mit winzigen Bâtons-Zeigern aus gebläutem Stahl. Uhrwerk 9'''. Um 1927.

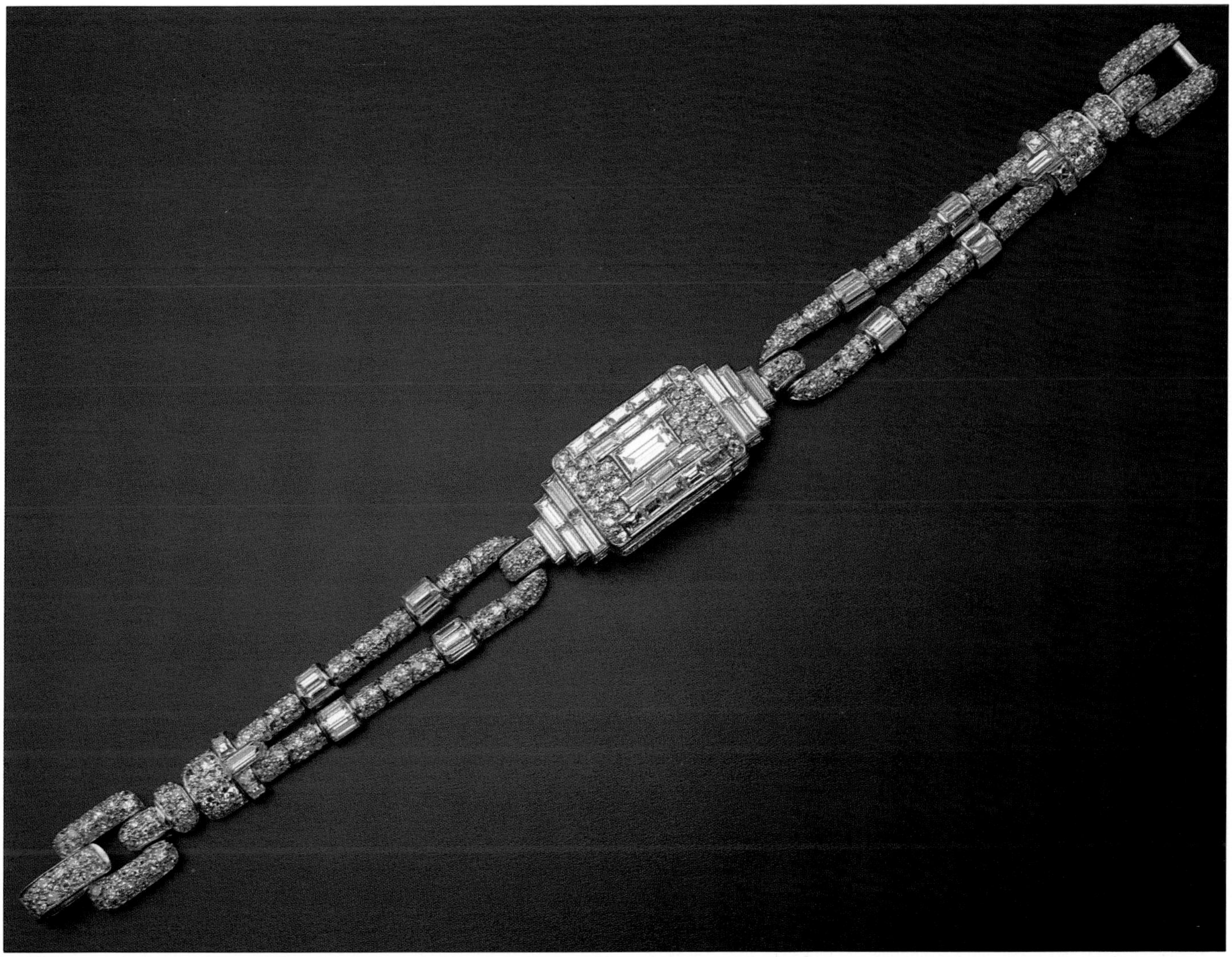

Dieselbe Schmuckarmbanduhr mit geschlossenem Deckel. Der Deckel ist mit Baguette-Diamanten und Brillanten besetzt, in der Mitte befindet sich ein großer rechteckiger Diamant. Das Schmuckarmband besteht aus Gliedern mit Brillanten, die durch Glieder mit Baguette-Diamanten verbunden sind.

279

PATEK PHILIPPE. Eine Damenarmbanduhr mit verziertem 18 Kt. Gold-Schmuckarmband. Jedes Glied des Armbands ist mit einem Oval aus blauem Email versehen, in das filigrane Goldkörner eingelegt wurden. Das Zifferblatt (Gehäuse 20 mm breit) ist ebenfalls aus blauem Email mit weißen Bâtons-Zeigern. Rundes rhodiniertes Uhrwerk, 6''', 20 Steine. Flachspirale und monometallische Unruh, feinreguliert in 5 Lagen. Incabloc-Stoßsicherungssystem. Nr. 1246462. 1973.

280-281-282

Links: VACHERON & CONSTANTIN. Tonneau-Gehäuse (Breite 24,5 mm) aus 18 Kt. ziseliertem Gold. Rundes rhodiniertes Uhrwerk mit getrennten Brücken. Bimetallunruh, feinreguliert in 5 Lagen. Nr. 397263. Zwanziger Jahre.

Mitte: Eine der kleinsten jemals hergestellten Armbanduhren. Es ist eine VACHERON & CONSTANTIN »Duoplan« (mit Aufzugskrone auf dem Gehäuseboden) mit nur 5,8 × 16 mm großem Baguette-Werk. Monometallunruh, feinreguliert in 5 Lagen, 2 ½'''. Gehäuse und Armband sind aus 18 Kt. Gold. Fünfziger bis sechziger Jahre. Rechts: CARTIER »Duoplan« mit Gehäuse und Armband aus 18 Kt. Gold (Durchmesser 13 mm). Vierziger Jahre.

283-284

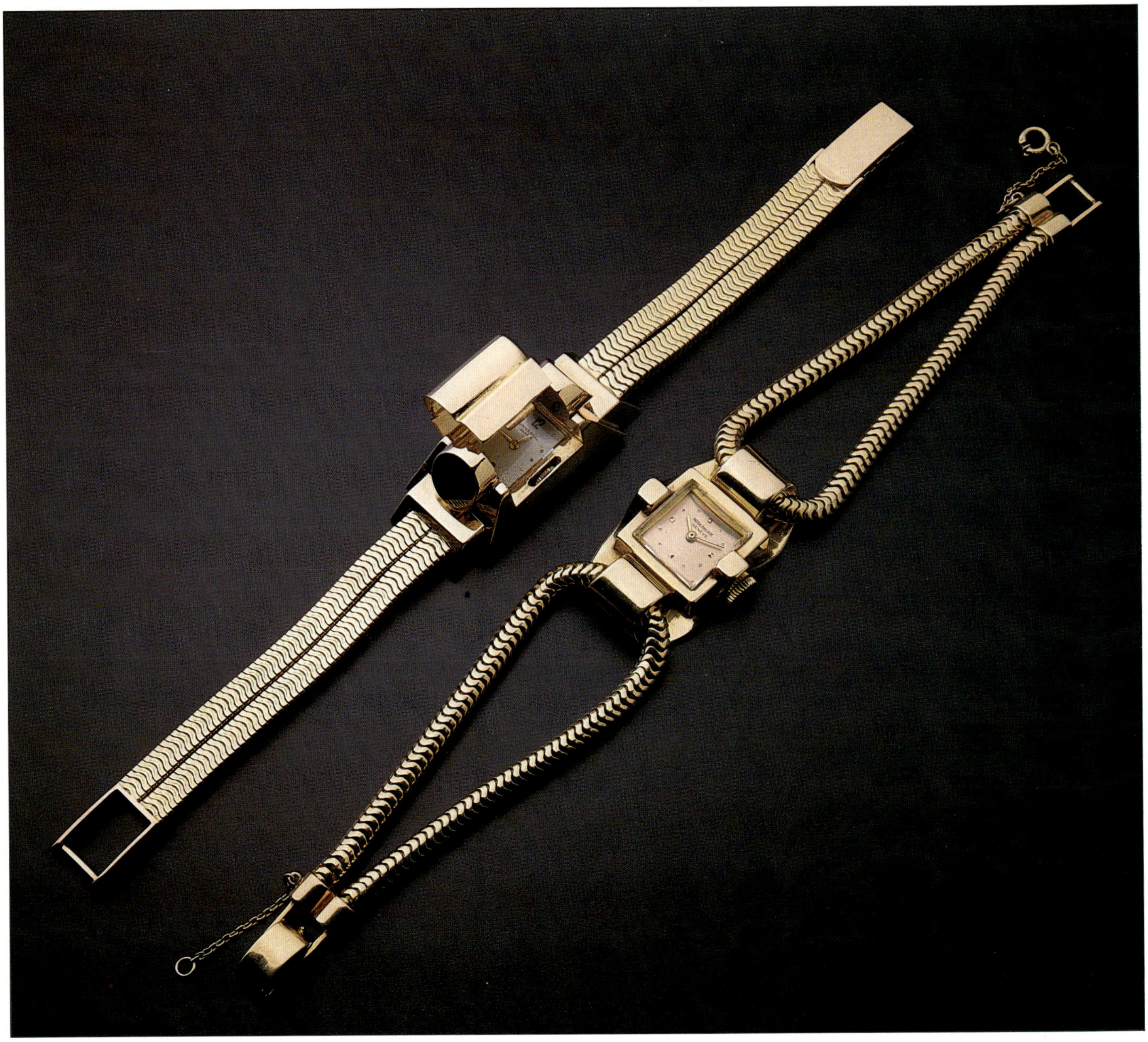

Links: UNIVERSAL GENÈVE. Armbanduhr mit Klappgehäuse (Breite 10,5 mm) aus 18 Kt. Gold. Die Aufzugskrone ist verdeckt seitlich im Gehäuse angebracht. Versilbertes Zifferblatt mit aufgelegten Goldziffern und goldenen Feuille-Zeigern. Rhodiniertes Baguette-Werk, Flachspirale und monometallische Unruh.
Vierziger Jahre.

Rechts: Gehäuse (Breite 15 mm) aus 18 Kt. Roségold. Das kordelartige Gliederarmband ist durch ein Kettchen gesichert. Roséfarbenes Zifferblatt mit aufgelegten Goldziffern und goldenen Bâtons-Zeigern. Rundes rhodiniertes Uhrwerk mit getrennten Brücken. Flachspirale und monometallische Unruh.
Nr. 866051. Zweite Hälfte der vierziger Jahre.

285

CARTIER. Quadratische Armbanduhr mit abgerundeten Ecken. Platingehäuse, die Lünette und die verschlungenen Gelenkanstöße mit Diamanten besetzt. Versilbertes Zifferblatt mit der für Cartier typischen gleisförmig angelegten Strichmarkierung für die Minutenanzeige. Brünierte Breguet-Zeiger. Auch in der Aufzugskrone befindet sich ein Diamant. Das Schmuckarmband ist aus geflochtenem Platin und hat eine Schließe mit den gleichen verschlungenen Motiven wie die Anstöße.
Uhrwerk von Jaeger. Nr. 11326.
1913 angefertigt und 1920 verkauft.

286

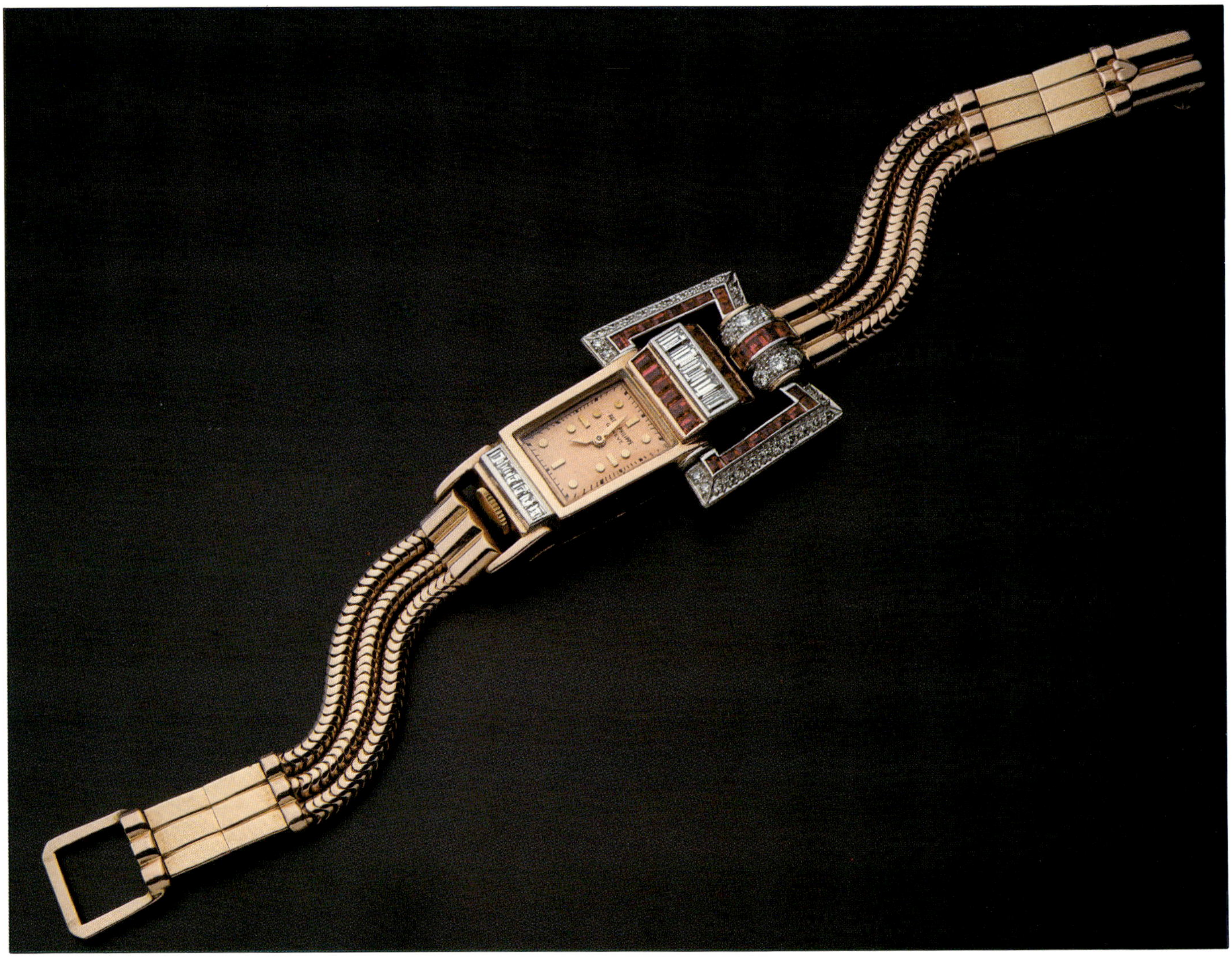

Art Déco-Armbanduhr mit Gehäuse und Armband aus einer Legierung von Platin, Iridium und 14 Kt. Gold. Der große obere Gelenkbügel ist mit Rubinen und Brillanten besetzt. Roséfarbenes Zifferblatt mit aufgelegten Goldziffern und goldenen Feuille-Zeigern. Ovales rhodiniertes Uhrwerk von Patek Philippe, Flachspirale, 18 Steine. Bimetallunruh, Feinregulierung in 8 Lagen. Nr. 200287. Zwanziger Jahre.

287

CARTIER. Runde Armbanduhr mit Platingehäuse; Lünette und Gelenkbügel mit Diamanten in Rosenschliff gefaßt. Das Gehäuse ist mit einem Ring aus feinen Perlen umgeben, und die Aufzugskrone besteht aus einer größeren Perle. Versilbertes Zifferblatt mit Verzierungen und Breguet-Zeigern aus gebläutem Stahl. Das Armband ist aus kleinen Perlen und Platingeflecht. Schnappverschluß aus Weißgold, besetzt mit Diamanten und Perlen. Das Sicherheitskettchen ist aus Weißgold. 1910.

288-289

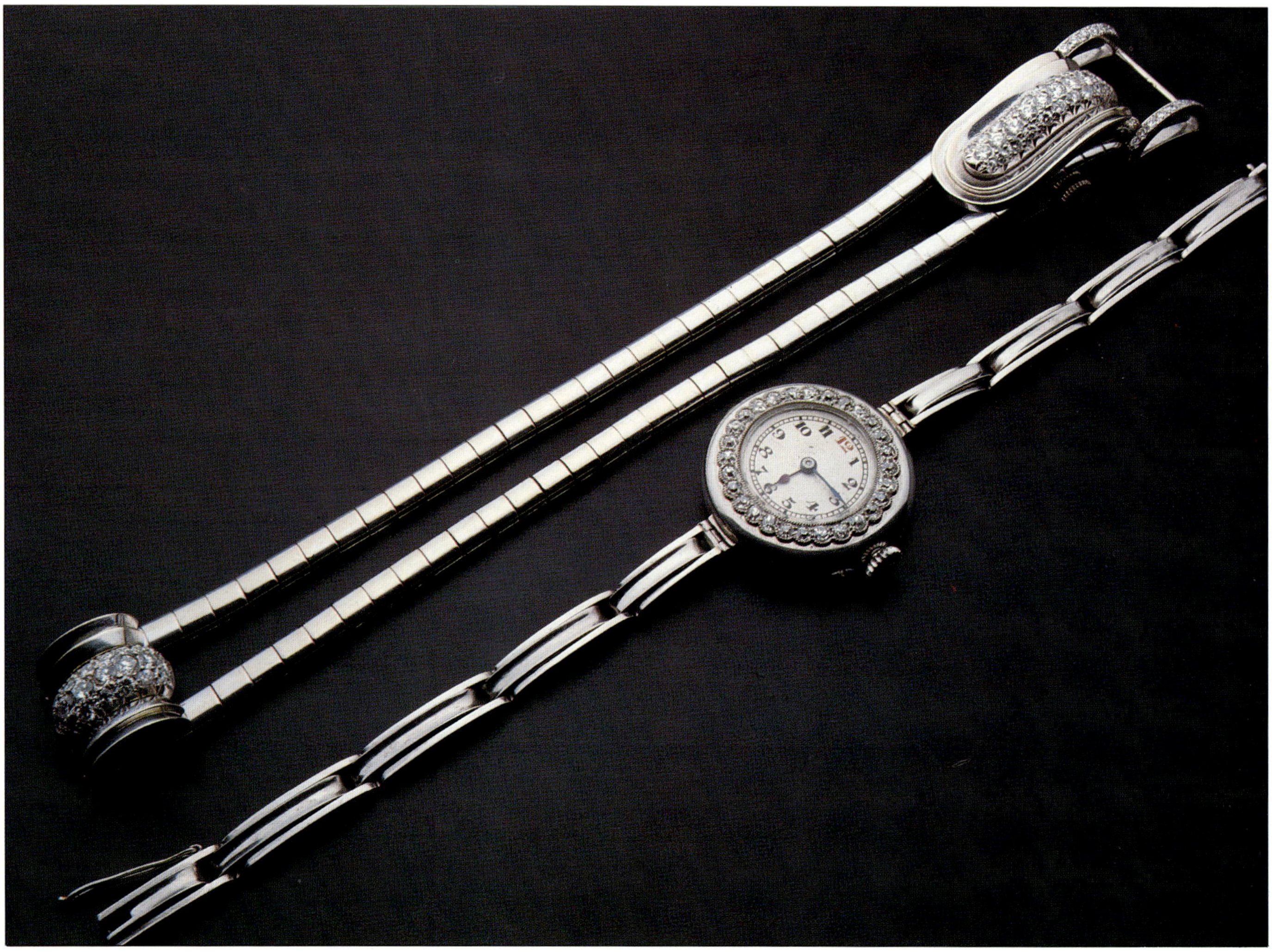

Links: Eine Armbanduhr von TOURNEAU. Gehäuse aus Weißgold mit verdecktem Zifferblatt, das mit Brillanten besetzt ist. Doppeltes Gliederarmband mit brillantenbesetzter Schließe. Dreißiger Jahre. Rechts: Armbanduhr eines unbekannten Herstellers. Platingehäuse (Durchmesser 25 mm) mit brillantenbesetzter Lünette. Versilbertes Zifferblatt mit brünierten Poire-Zeigern. Die Zeit wird seitlich mit Drücker eingestellt. Dehnbares Gliederband aus Platin. Dreißiger Jahre.

290-291-292-293

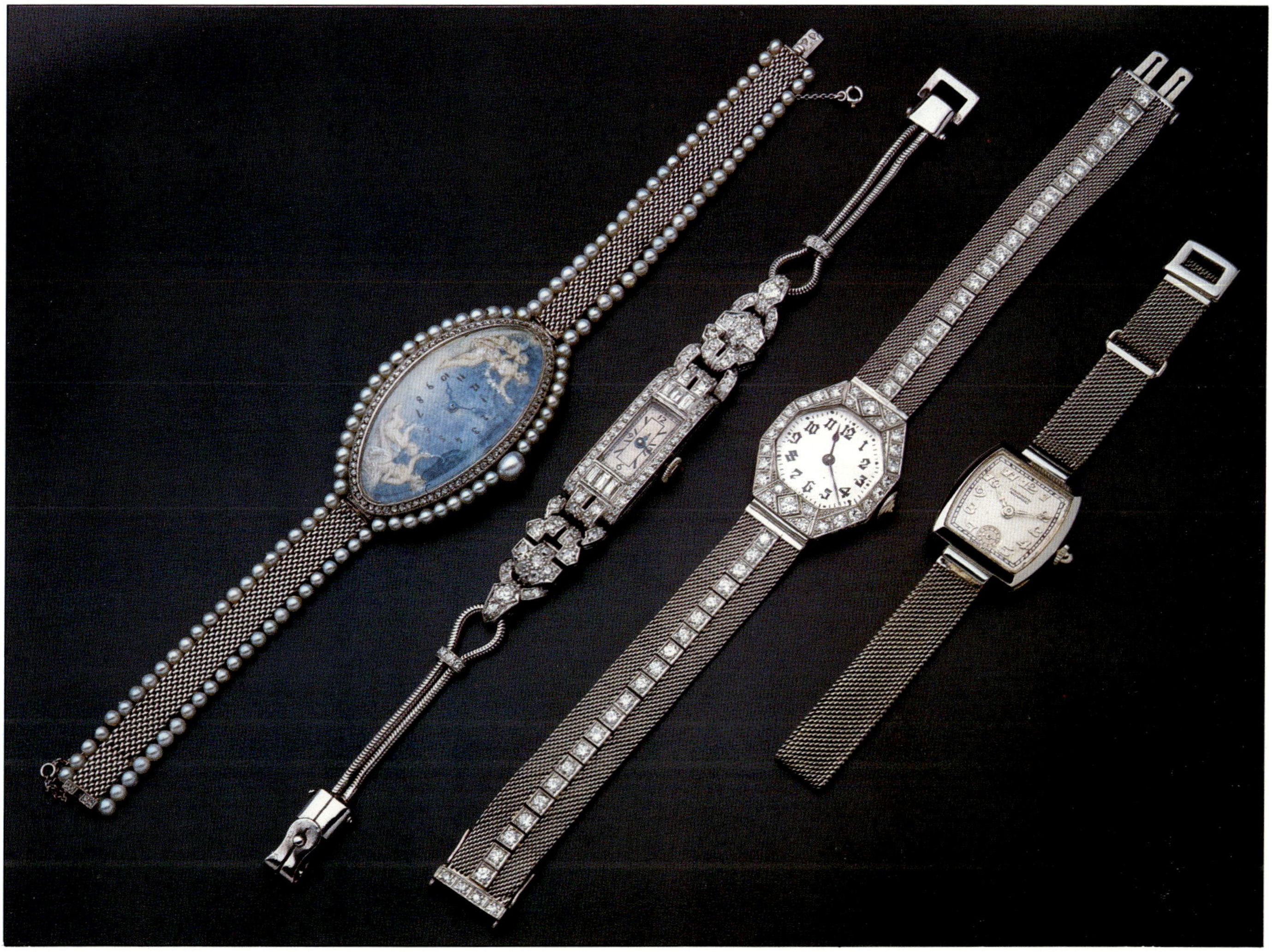

Links: Armbanduhr eines unbekannten Herstellers. Perlengerahmtes Gehäuse und Armband aus Platin. Das Zifferblatt ist aus Elfenbein und mit einer klassizistischen Szene bemalt (signiert Paillete). Uhrwerk mit 15 Steinen. 4 ¾'''. Zweite Hälfte des 19. Jahrhunderts.

Daneben: Platinarmbanduhr mit gelenkigen Bügeln; Gehäuse und Bügel sind mit Brillanten besetzt. Das Armband besteht aus einer doppelt geführten Platinkordel. Uhrwerk mit 15 Steinen, 5 ¼'''. Zwanziger Jahre. Daneben: Uhr mit achteckigem Gehäuse und Gliederarmband aus Platin. Lünette und Armband sind mit Brillanten besetzt. Zwanziger Jahre. Rechts: Eine MOVADO-Armbanduhr mit weißgoldenem Armband und Gehäuse. Aufgelegte Goldziffern und ebenfalls goldene Lances-Zeiger. Zwanziger Jahre.

294

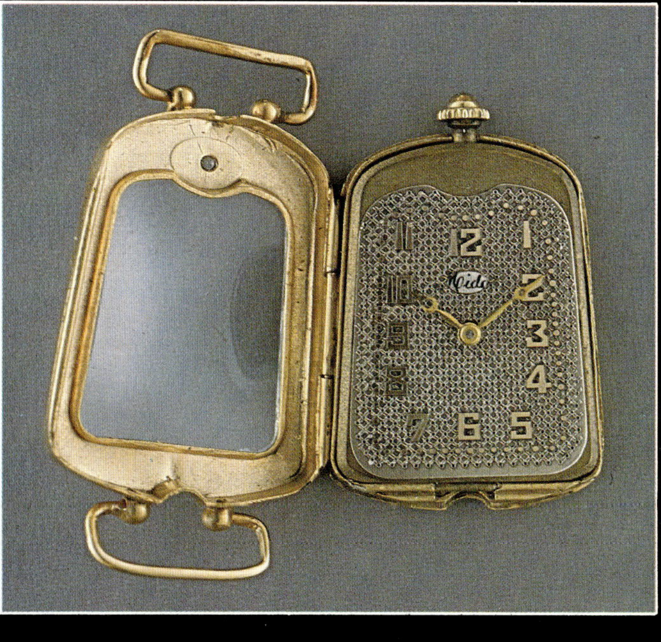

MIDO. Eine originelle Armbanduhr des Typs »Universel« im Autokühler-Design. Scharniergehäuse (25 × 46 mm) aus Walzgold-Doublé. Die Aufzugskrone befindet sich zwischen den Bügeln oberhalb des Markenzeichens aus blauem Email. Wabengemustertes mattversilbertes Zifferblatt mit Reliefziffern und vergoldeten Bâtons-Zeigern. Rundes rhodiniertes Uhrwerk, 8 ¾''', 15 Steine. Flachspirale und Bimetallunruh, feinreguliert in 3 Lagen. Dreißiger Jahre. Scharniergehäuse und Zifferblatt in Form eines Kühlergrills.

295-296

Zwei weitere Armbanduhren mit Automobilflair. Oben: CORUM. Ein nach dem Kühler von Rolls-Royce geformtes Gehäuse aus 18 Kt. Weißgold. Geschraubte Befestigung des Armbands. Mattversilbertes Zifferblatt mit Dauphine-Zeigern aus Gelb- und Weißgold. Sechziger Jahre.

Unten: JEAN ÉTÉ. Das Gehäuse aus 18 Kt. Weißgold ist die getreue Nachbildung eines Mercedes-Kühlergrills. Die Armbanduhr ist automatisch und mit Datumsanzeige und Zentralsekunde versehen. Sechziger Jahre.

297

PERSEO. »Duo-dial«-Armbanduhr mit Scharniergehäuse (19 × 33 mm) aus 18 Kt. Gold. Mattversilbertes Zifferblatt in verschiedenen Schattierungen mit Moderne-Zeigern aus brüniertem Stahl. Baguette-Werk, $6\frac{3}{4}$'''. Flachspirale und Bimetallunruh. Dreißiger Jahre.
Das Uhrwerk in zweifacher Vergrößerung.

298

ALPINA GRUEN. Eine weitere »Duo-dial«-Armbanduhr, deren Äußeres den »Prince«-Modellen von Rolex ähnelt. Gehäuse (23 × 43 mm) aus 18 Kt. Gold mit abgestuften Seitenpartien und versenkter Aufzugskrone. Mattversilbertes Zifferblatt mit Zeigern aus brüniertem Stahl. Rhodiniertes Baguette-Werk, 7 ½''', 15 Steine. Breguet-Spirale und Bimetallunruh. Nr. 1866027. Vierziger Jahre.

299

BREGUET. Elegante Damenarmbanduhr mit Gehäuse (Durchmesser 29 mm) aus 18 Kt. Rotgold mit bügelförmigen Anstößen. Mattversilbertes Zifferblatt mit Sekundenzeiger auf der Höhe der Stunde 9. Brünierte Breguet-Zeiger. Vergoldetes Uhrwerk mit getrennten Brücken. 11'''. Breguet-Spirale und Bimetallunruh. Nr. 4757. Wahrscheinlich wurde das Uhrwerk ursprünglich für Taschenuhren entwickelt. Zwanziger Jahre. Das Foto links zeigt Gehäuse und Uhrwerk in Originalgröße.

300

MOSER. Eine seltene und hervorragend erhaltene Armbanduhr mit Tag- und Datumsanzeige. Doppelboden-Scharniergehäuse (Durchmesser 34,5 mm) aus vernickeltem Metall mit Gelenkanstößen. Zeiteinstellung durch kleinen Drücker neben Aufzugskrone. Mattversilbertes Zifferblatt mit brünierten Poire-Zeigern. Vergoldetes Uhrwerk mit getrennten Brücken, 12 ½''', 15 Steine. Breguet-Spirale und Bimetallunruh. Die Uhr wurde wahrscheinlich für den russischen Markt hergestellt. Zwanziger Jahre.
Das Foto rechts zeigt Scharniergehäuse und Uhrwerk in Originalgröße.

301

BULOVA. Eine sogenannte »Curvex«-Armbanduhr mit Gehäuse (21,5 × 52 mm) aus Walzgold-Doublé. Soleil-Zifferblatt mit aufgelegten Ziffern und vergoldeten Moderne-Zeigern. Rhodiniertes Tonneau-Werk, 8 ½''', 21 Steine. Breguet-Spirale und monometallische Unruh. Vierziger Jahre.
Das Foto links zeigt den Gehäuseboden und das Uhrwerk in Originalgröße.

302

DRIVA. Eine seltene Armbanduhr mit Minutenrepetition. Gehäuse (22 × 49 mm) aus Staybrite-Stahl mit verlängerten Anstößen. Mattversilbertes Zifferblatt in zwei verschiedenen Schattierungen mit brünierten Index-Zeigern. Tonneau-Werk, 15 Steine, Flachspirale und Bimetallunruh. Vierziger Jahre. Das Foto rechts zeigt das Uhrwerk mit Tonfeder und Schieber zum Auslösen des Schlagwerks in Originalgröße.

303

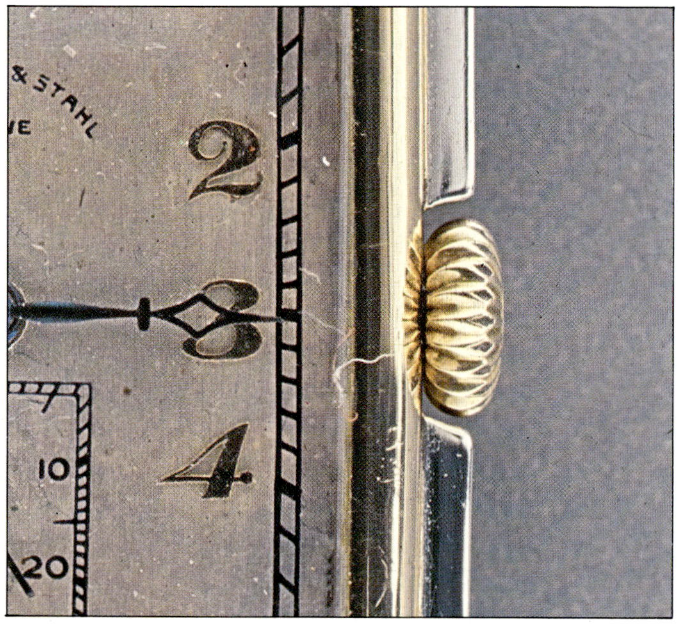

GOLAY FILS & STAHL. Elegante rechteckige Armbanduhr mit Gehäuse (25 × 37,5 mm) aus 18 Kt. Gelb- und Weißgold, ziseliert. Soleil-Zifferblatt mit aufgelegten goldenen Ziffern und brünierten Lances-Zeigern. Rundes rhodiniertes Uhrwerk, 8 ¾'''. Flachspirale und Bimetallunruh. Zwanziger Jahre.
Detailaufnahme der versenkten Aufzugskrone.

304

VAN CLEEF & ARPELS. Ein raffiniertes Modell mit gelenkigen Bügeln. Gehäuse (Durchmesser 31 mm) aus 18 Kt. Gold mit sehr feiner Aufzugskrone. Mattversilbertes Zifferblatt mit brünierten Breguet-Zeigern. Frühe dreißiger Jahre. Das Uhrwerk, 10''', mit Breguet-Spirale und Bimetallunruh. Nr. 70209.

305

HEBDOMAS. Wunderschöne Armbanduhr mit Acht-Tage-Gehwerk. Scharniergehäuse (Durchmesser 39 mm) aus 935er Silber mit bügelförmigen Anstößen. Zifferblatt mit sichtbarer Unruh. Vergoldetes Uhrwerk, 14'''. Breguet-Spirale und Bimetallunruh. Zwischen 1915 und 1920.
Ausschnitt des Email-Zifferblatts mit den Reliefziffern und den brünierten Moderne-Zeigern.

306

INGERSOLL. Eine Mickey Mouse-Armbanduhr mit Tonneau-Gehäuse (26 × 42 mm) aus verchromtem Stahl mit bügelförmigen Gelenkanstößen. Mattversilbertes Zifferblatt. Die Zeiger sind die Arme der Mickey Mouse. Rhodiniertes Tonneau-Werk, 12'''. Dreißiger Jahre.
Detailaufnahme der rotierenden Sekundenscheibe, auf der ebenfalls Mickey Mouse abgebildet ist.

307

BORELL FILS & CO. Originelle Armbanduhr, die sich zu einer Nachttischuhr aufklappen läßt. Sprungdeckel-Muschelgehäuse (24 × 34 mm) aus 18 Kt. Gold mit gerädeltem Deckel. Mattversilbertes Zifferblatt mit Leuchtziffern und -zeigern. Rundes rhodiniertes Uhrwerk, 8 ½'''. 17 Steine, Breguet-Spirale und monometallische Unruh. Die Aufzugskrone befindet sich auf dem Gehäuseboden des Uhrwerks. Dreißiger Jahre.
Das Foto links zeigt das Gehäuse mit Monogrammschild in Originalgröße.

308

HAMILTON. Eine der ersten elektrischen Armbanduhren (Patent von 1954). Asymmetrisch geschwungenes Dreiecksgehäuse (33,2 × 50 mm) aus 14 Kt. Gold. Mit verdeckter Befestigung des Armbands. Schwarzes Zifferblatt mit aufgelegten vergoldeten Punktmarkierungen und Dauphine-Zeigern. Rundes rhodiniertes Uhrwerk, 12 ½'''. Flachspirale und monometallische, von einer 1,5-Volt-Batterie gespeiste Unruh. Fünfziger Jahre.
Das Foto rechts zeigt Gehäuse und Uhrwerk mit Batterie in Originalgröße.

309

SIGMA. Elegante Armbanduhr mit gewölbtem Gehäuse (20 × 43 mm) aus 18 Kt. Rotgold mit guillochierten Randpartien. Roséfarbenes Zifferblatt mit Wabenmuster, aufgelegten Goldmarkierungen und ebenfalls goldenen Feuille-Zeigern. Verkupfertes Tonneau-Werk mit 15 Steinen. Monometallische Unruh und Flachspirale. Fünfziger Jahre.
Das Foto links zeigt den Gehäuseboden und das Uhrwerk in Originalgröße.

310

GRUEN. Eine weitere Armbanduhr des Typs »Curvex« mit Gehäuse (20 × 48 mm) aus Walzgold-Doublé mit großen Anstößen. Zweifarbiges, mattversilbertes Zifferblatt mit vergoldeten Relief-Markierungen der Stunden und ebenfalls vergoldeten Bâtons-Zeigern. Rhodiniertes Tonneau-Werk, 17 Steine. Monometallische Unruh mit Feinregulierung in einer Lage und mit Breguet-Spirale. Vierziger Jahre.
Das Foto rechts zeigt den Gehäuseboden und das Uhrwerk in Originalgröße.

Register

Die hervorgehobenen **(fett gedruckten)** Ziffern beziehen sich auf die Numerierung der Bildtafeln. Alle auf den Bildtafeln abgebildeten Uhren-MARKEN sind in GROSSBUCHSTABEN (Versalien) gedruckt, die namentlich genannten Uhren-*Modelle* und Seitenzahlen der Abbildungen im vorderen Textteil des Buches sind *schräg* (kursiv) gedruckt.

Das erste umfassende Buch über Design, Architektur und Kunst im Amerika der 20er und 30er Jahre. Ein grandioser Bildband für alle Sammler und Freunde des Art Déco.

Alastair Duncan

AMERICAN ART DÉCO

Kunst und Design der 20er und 30er Jahre in Amerika
288 Seiten, über 500 Illustrationen,
davon mehr als 200 in Farbe
Leinen, geprägt, mit Schutzumschlag und Schuber
Format 25,3 × 30,6 cm, Best.-Nr. 38/19 – DM 148,–
ISBN 3-453-36019-2

So umfangreich die Literatur über das europäische Art Déco ist, so erstaunlich mußte bislang das Fehlen über die hochinteressante Entfaltung dieses Stils in den USA anmuten, wo der neue Stil jedoch etliche seiner produktivsten Impulse erhielt. Vor allem in der Architektur, aber auch in allen anderen Bereichen der angewandten Künste – Möbel, Innenarchitektur, Keramik, Grafik und Skulptur – entwickelten amerikanische Designer eine eigenständige dynamische Tradition. Kinobesucher erlebten den Stil der Zeit in der Ausstattung der schönsten Hollywoodfilme, und es dauerte nicht lange, bis Art Déco zur alltäglichen Umgebung der Bürger gehörte. Mit seinem kunsthistorisch fundierten Text und seiner brillanten Auswahl von Illustrationen würdigt dieser exklusive, luxuriös gestaltete Band die Arbeit bedeutender Künstler und Designer wie Donald Deskey, Joseph Urban, John Manship, Gilbert Rohde und anderen, deren kreative Phantasie für das Kunstschaffen und Design in den USA prägend wurde.

»Die kühle Ästhetik des Art-Déco-Stils im Bereich des Schmucks zeigt jetzt ein faszinierender Bildband. Über 700 Fotos geben einen kompletten Überblick über die Geschichte des Art-Déco-Schmucks. ... Art Déco – so ausführlich und schön wurde diese Kunstepoche noch nie dargestellt ...«
VOGUE

Sylvie Raulet

Schmuck Art Déco

350 Seiten, ca. 700 großenteils farb. Abb.
Leinen, geprägt, im Schuber
Format 27 × 32,5 cm. Best.-Nr. 38/10 – DM 198,–
ISBN 3-453-36010-9

»In einigen hundert Jahren wird unser Schmuck von Sammlungen und Museen gesucht sein und dort seinen angemessenen Platz finden; prophezeite der Juwelier Georges Fouquet 1929 im FIGARO dem Künstlerschmuck seiner Zeitgenossen. Doch so lange sollte es gar nicht dauern. Schon in den sechziger Jahren war die Haute Joaillerie jener Epoche museumswürdig geworden, als bedeutendes Dokument eines Stilwillens, der die Ästhetisierung aller Bereiche des Alltags anstrebte und die Formen bereitstellte, in denen sich ein neues Lebensgefühl Ausdruck verleihen konnte. ... Und selbst das Buch hat daran – mehr als ein halbes Jahrhundert später – noch Anteil. Es ist nicht nur ein Standardwerk über den künstlerischen Schmuck der zwanziger Jahre geworden, sondern selbst ein graphisches Kunstwerk, das in hinreißend schönen Kompositionen noch einmal die ästhetischen Muster jener Zeit aufscheinen läßt, über die es berichten will.« FAZ

Wilhelm Heyne Verlag